高等学校规划教材

虚拟现实基础及可视化设计

秦文虎 狄 岚 姚晓峰 陈伟琦 编

XUNI XIANSHI JICHU JI KESHIHUA SHEJI

化学工业出版社
·北京·

本书是虚拟现实基础及可视化设计的一本实用教材，首先讲述虚拟现实技术的基础知识和相关交互设备，然后将VC++语言与OpenGL相结合，以大量实例详细介绍如何在VC++的基础上用OpenGL库函数建立虚拟现实系统可视化设计的编程技术。全书既注重原理又注重实践，配有大量例题，概念讲解清楚，具有较好的可读性及可操作性。每章备有习题。

本书可作为普通高等院校计算机科学与技术、数字媒体技术等相关专业教材，也可供从事虚拟现实技术研制、开发及应用技术人员学习参考。

图书在版编目（CIP）数据

虚拟现实基础及可视化设计/秦文虎等编．—北京：化学工业出版社，2009.6（2018.3重印）
高等学校规划教材
ISBN 978-7-122-05311-4

Ⅰ．虚…　Ⅱ．秦…　Ⅲ．虚拟技术-高等学校-教材
Ⅳ．TP391.9

中国版本图书馆CIP数据核字（2009）第063638号

责任编辑：郝英华　唐旭华　吴　俊　　　装帧设计：周　遥
责任校对：顾淑云

出版发行：化学工业出版社（北京市东城区青年湖南街13号　邮政编码100011）
印　　装：北京科印技术咨询服务公司海淀数码印刷分部
787mm×1092mm　1/16　印张12½　字数305千字　2018年3月北京第1版第2次印刷

购书咨询：010-64518888（传真：010-64519686）　售后服务：010-64518899
网　　址：http://www.cip.com.cn
凡购买本书，如有缺损质量问题，本社销售中心负责调换。

定　　价：36.00元

前　　言

虚拟现实技术是近年来兴起的新技术。它利用三维真实感图形、虚拟立体声以及力/触觉反馈系统等人机交互新技术增强了身临其境的感觉。目前，虚拟现实技术在军事、航天、医学、设计和影视娱乐等方面有着十分广泛的应用。

对一个虚拟现实系统，三维真实感图形是增强系统表现力的重要部分。对计算机图形学来说，实现三维真实感图形的方法很多。目前常用的方法是基于 OpenGL（Open Graphics Library）实现高性能的三维图形。OpenGL 是一套跨平台的图形库，它源于 SGI 公司为其图形工作站开发的 IRIS GL，它于 1992 年 7 月发布 1.0 版，现已成为工业标准。OpenGL 适用于各种计算机系统，它是虚拟现实系统三维图形制作必须掌握的开发工具。

本书在介绍虚拟现实技术的基础知识及交互设备后，重点介绍 OpenGL 库函数。通过学习这些库函数，读者可以制作高精度的三维图形。

为方便教学，本书配套的电子教案可免费提供给采用本书作为教材的院校使用。如有需要，请发电子邮件至 haoying hua@cip. com. cn。

本书的编写由秦文虎、狄岚、姚晓峰和陈伟琦四位老师共同完成，在编写过程中还得到特聘教授赵正旭和硕士研究生苏国辉、顾金东、刘晓梅和姚雪峰的帮助，在此向他们表示感谢。

由于水平有限，书中难免存在疏漏和错误之处，希望广大读者批评指正。

秦文虎

2009 年 5 月

前言

目　　录

1 虚拟现实技术概论

虚拟现实技术是20世纪末才兴起的一门崭新的综合性信息技术。它融合了数字图像处理、计算机图形学、人工智能、多媒体技术、传感器、网络以及并行处理技术等多个信息技术分支的最新发展成果，为我们创建和体验虚拟世界提供了有力的支持，从而大大推进了计算机技术的发展。VR技术的特点在于，由计算机产生一种人为虚拟的环境，这种虚拟的环境是通过计算机构成的三维空间，或是把其他现实环境复制到计算机中去产生逼真的"虚拟环境"，从而使得用户在多种感官上产生一种沉浸于虚拟环境的感觉。

虚拟现实技术实时的三维空间表现能力、人机交互式的操作环境以及给人带来的身临其境的感受，将一改人与计算机之间枯燥、生硬和被动的现状。它不但为人机交互界面开创了新的研究领域，为智能工程的应用提供了新的界面工具，为各类工程的大规模的数据可视化提供了新的描述方法，同时，它还能为人们探索宏观世界和微观世界以及由于种种原因不便于直接观察的事物的运动变化规律，提供极大的便利。

虚拟现实技术一经问世，人们就对它产生了浓厚的兴趣。近几年，虚拟现实技术不但已开始在房地产、军事、医学、设计、考古、艺术、娱乐等诸多领域得到越来越广泛的应用，而且还给社会带来了巨大的经济效益。因此，有关人士认为：20世纪80年代是个人计算机的时代，90年代是网络、多媒体的时代，而21世纪初则将是虚拟现实技术的时代。

1.1 虚拟现实技术的基本概念

1.1.1 虚拟现实技术的发展概述

像大多数技术一样，虚拟现实也不是突然出现的，它是经过企业界、军事界及众多学术实验室相当长时间的研制开发后才进入公众领域的。虚拟现实的出现与其他技术的成熟密切相关，如实时计算机系统、计算机图形、显示器、光纤及三维跟踪技术等。当各个技术都能提供自身的输入性能之后，虚拟现实系统便出现了。从诞生至今，伴随着计算机技术的飞跃，虚拟现实系统的发展及完善在不断地继续，其应用领域也在不断的扩大。这也进一步证实了作为一种更强大、更富创造性的人机交互系统，虚拟现实系统将有着非常广阔的发展前途。

下面，我们回顾一下虚拟现实技术数十年来的发展历程。

1929年，Edwin Link设计了一种竞赛乘坐器，它使得乘坐者有一种在飞机中飞行的感觉。Link飞行模拟器是虚拟现实几个先驱中的一个。

1961年，美国Philoo公司首创了头盔立体显示器。

1965年，美国人艾凡·萨瑟兰发表了一篇题为"终极的显示"的论文，后来被公认为在虚拟环境领域中起着里程碑的作用。

1966年，艾凡·萨瑟兰在麻省理工学院开始了他的第一个头盔的研制工作。参观者戴上头盔看虚拟环境，可以如同身临其境一样。

1967年，美国的北卡罗来纳大学的弗雷德里克·布鲁克斯研究了力反馈问题，使用户能感到虚拟环境中计算机仿真物体和环境中力的作用。

1972年，诺兰·布什内尔开发出了第一种交互式电子游戏，称为Pong。它允许玩游戏的操作者在电视屏幕上操作一个弹跳的乒乓球。由于交互性是虚拟现实技术的一个关键，因而这一个交互性游戏的开发具有重要的意义。

20世纪80年代，美国宇航局（NASA）及美国国防部组织了一系列有关虚拟现实技术的研究，并取得了令人瞩目的研究成果，从而引起了人们对虚拟现实技术的广泛关注。

1984年，NASA Ames研究中心虚拟行星探测实验室的M. Mc Greevy和J. Humphries博士组织开发了用于火星探测的虚拟环境视觉显示器，将火星探测器发回的数据输入计算机，为地面研究人员构造了火星表面的三维虚拟环境。在随后的虚拟交互环境工作站（VIEW）项目中，他们还开发了通用多传感个人仿真器以及遥控设备等。

进入20世纪90年代，迅速发展的计算机软、硬件系统使得基于大型数据集合的声音和图像的实时动画制作成为可能，越来越多新颖、实用的输入输出设备相继进入市场，而人机交互系统的设计也在不断创新，这些都为虚拟现实系统的发展打下了良好的基础。其中，利用虚拟现实技术设计波音777获得成功，是近年来又一件引起科技界瞩目的伟大成果。可以看出，正是因为虚拟现实系统极其广泛的应用领域，使得人们对它广阔的发展前景充满了憧憬与兴趣。

1.1.2 虚拟现实技术的定义

虚拟现实技术的定义可以归纳如下：虚拟现实技术（Virtual Reality，VR）是指利用计算机生成一种模拟环境，并通过多种专用设备使用户“投入”到该环境中，实现用户与该环境直接进行自然交互的技术。VR技术可以让用户使用人的自然技能对虚拟世界中的物体进行考察或操作，同时提供视、听、摸等多种直观而又自然的实时感知。

1.1.3 虚拟现实技术的组成

一个典型的虚拟现实系统主要包括5大组成部分：虚拟世界、计算机、虚拟现实软件、输入设备和输出设备（如图1-1所示）。其中，虚拟世界是可交互的虚拟环境，涉及模型构筑、动力学特征、物理约束、照明及碰撞检测等；计算机环境涉及处理器配置、I/O通道及实时操作系统等；虚拟现实软件负责提供实时构造和参与虚拟世界的能力，涉及建模、物理仿真等；输入和输出设备则用于观察和操纵虚拟世界，涉及跟踪系统、图像显示、声音交互、触觉反馈等。

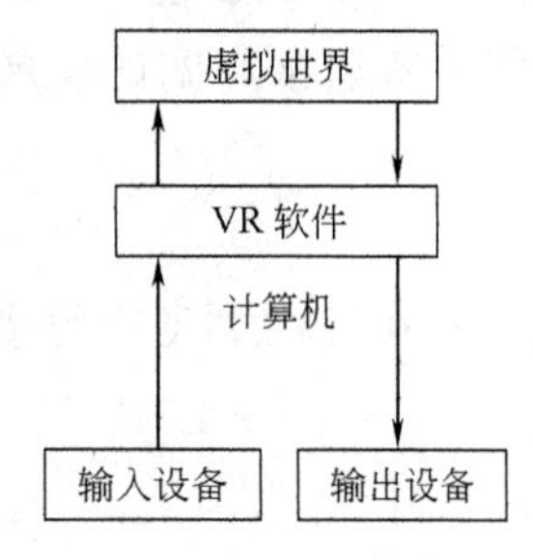

图1-1 虚拟现实系统的一般构成

构建一个虚拟现实系统的基本手段和目标就是利用并集成高性能计算机软硬件及各类先进的传感器，去创建一个使参与者处于一个身临其境的沉浸感，具有完美交互能力和启发构思的信息环境。

（1）硬件方面 需要以下设备。

① 跟踪系统：用以确定参与者的头手和身躯的位置。

② 触觉系统：提供力与压力的反馈。

③ 音频系统：提供立体声源和判定空间位置。

④ 图像生成和显示系统：产生视觉图像和立体显示。

⑤ 高性能的计算机处理系统：具有高处理速度、大存储量、强联网特性。

(2) 软件方面　除一般所需的软件支撑环境外，主要是提供一个产生虚拟环境的工具集，或产生虚拟环境的“外壳”。它应具有以下功能。

① 能够接收各种高性能传感器的信息，如头盔的跟踪信息。

② 能生成立体的显示图形。

③ 能把各种数据库（如地图地貌数据库、物体形象数据库等）、各种 CAD 软件进行调用和互联的集成环境。

1.1.4 虚拟现实技术的基本特征

从本质上说，虚拟现实系统就是一种先进的计算机用户接口，它通过给用户同时提供诸如视、听、触等各种直观而又自然的实时感知交互手段、最大限度地方便用户的操作，从而减轻用户的负担、提高整个系统的工作效率。美国科学家 Burdea G.，Coiffet 曾在 Electro 93 国际会议上发表的“Virtual Reality Systems and Applications”一文中，提出一个“虚拟现实技术的三角形”，它简明地表示了虚拟现实技术具有的 3 个最突出特征：交互性（Interactivity）、沉浸感（Immersion）和构想性（Imagination），也就是人们俗称的 3 个“I”特性（如图 1-2 所示）。

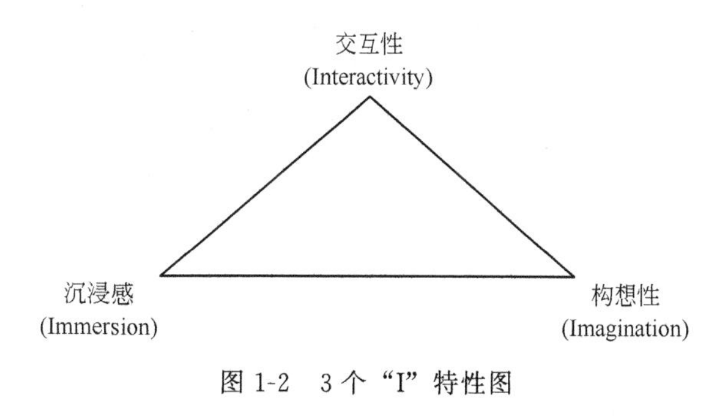

图 1-2　3 个“I”特性图

(1) 交互性　指参与者对虚拟环境内的物体的可操作程度和从环境中得到反馈的自然程度。这种交互的产生主要借助于各种专用的三维交互设备（如头盔显示器、数据手套等），它们使人类能够利用自然技能，如同在真实的环境中一样与虚拟环境中的对象发生交互关系。

(2) 沉浸感　用户感到作为主角存在于模拟环境中的真实程度。包括如下内容。

① 多感知性。它除了一般计算机技术所具有的视觉感知之外，还有听觉感知、力觉感知、触觉感知、运动感知等。理想的虚拟现实技术应该具有一切人所具有的感知功能。由于相关技术的限制，特别是传感技术的限制，目前虚拟现实技术所具有的感知功能仅限于视觉、听觉、力觉、触觉、运动等几种，无论感知范围还是感知的精确程度都尚无法与人相比拟。

② 自主性。它是指虚拟环境中的物体依据物理定律动作的程度。例如，当受到力的推动时，物体会向力的方向移动，或翻倒，或从桌面落到地面等。虚拟现实技术的四大特征使得我们不难将 VR 与相关技术区分开来，如仿真技术、计算机图形技术及多媒体技术。

(3) 构想性　人类在许多领域都面临着越来越多前所未有而又必须解决和突破的问题。例如，载人航天、核试验、核反应堆维护、新武器等产品的设计研究、气象及自然灾害预报、医疗手术的模拟与训练以及多兵种军事联合训练与演练等。借助于 VR 技术，人有可能从定性和定量综合集成的虚拟环境中得到感性和理性的认识，进而使人能深化概念，产生新意和构想。

1.2 虚拟现实技术的分类

按其交互和浸入程度不同分为桌面式 VR 系统、沉浸式 VR 系统、叠加式 VR 系统和分布式 VR 系统。

（1）桌面式 VR 系统（Desktop VR） 桌面虚拟现实利用个人计算机和低级工作站进行仿真，计算机的屏幕用来作为用户观察虚拟境界的一个窗口，各种外部设备一般用来驾驭虚拟境界，并且有助于操纵在虚拟情景中的各种物体。如图 1-3，这些外部设备包括鼠标、追踪球、力矩球等。它要求参与者使用位置跟踪器和另一个手控输入设备，如鼠标、追踪球等，坐在监视器前，通过计算机屏幕观察 360°范围内的虚拟境界，并操纵其中的物体，但这时参与者并没有完全投入，因为它仍然会受到周围现实环境的干扰。为了增强“临境感”，可以先用三维立体眼镜（如 CrystallEyes），用户可以看到虚拟环境中的立体对象。采用三维（6 个自由度）鼠标或数据手套（Data Glove），可以同虚拟环境中的虚拟物体相互作用。苹果公司推出了基于桌面系统的 Quick Time VR，其思路是利用数字相机，对某一场景进行连续视点拍照，然后将形成的图像按拍摄顺序连接、合成，并由 QTVR Authoring Tools Suite 生成虚拟环境。使用者则可以利用 3D Mouse 控制拍摄的视点以显示虚拟环境中的不同景象。桌面 VR 系统虽然缺乏头盔显示的完全沉浸功能，但由于它的成本相对来说较低，因此比较普及。

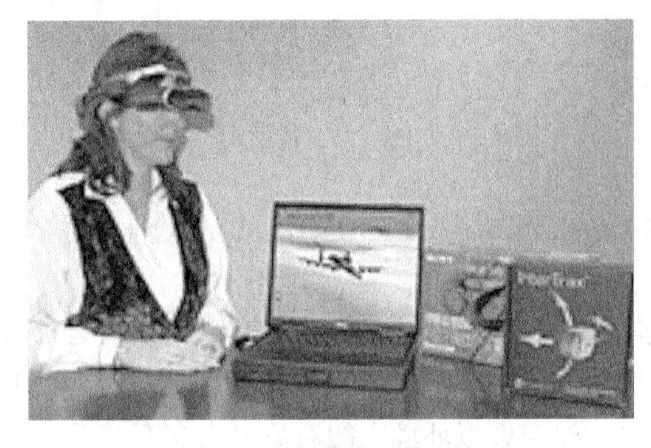

图 1-3 桌面式 VR 系统

（2）沉浸式 VR 系统（Immersive VR） 沉浸式 VR 系统利用头盔显示器（HMD）和数据手套（Data Glove）等交互设备把用户的视觉、听觉和其他感觉封闭起来，使参与者暂时与真实环境隔离，而真正成为 VR 系统内部的一个参与者，并能利用这些交互设备操作和驾驭虚拟环境，因而具有高度的实时性能和沉浸感，如当用户移动头部改变视点时，虚拟环境中的图像应实时地发生改变。此外，它支持多种输入输出设备，能提供“真实”的体验与丰富的交互手段（如图 1-4 所示）。

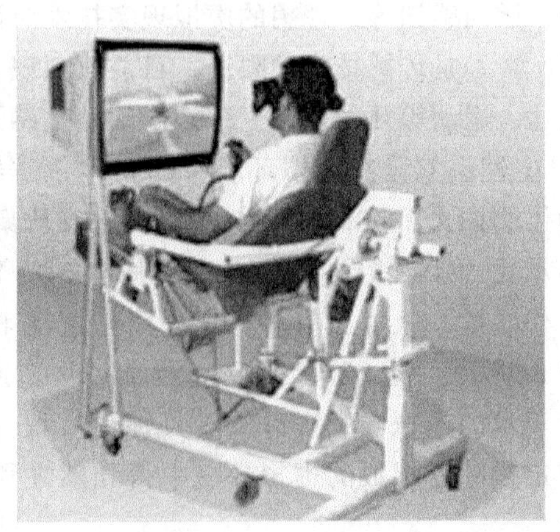

图 1-4 沉浸式 VR 系统

沉浸式 VR 系统的设备一般都比较昂贵，成本较高，一般仅供大公司、政府以及大学使用。

（3）叠加式 VR 系统 叠加式 VR 系统是通过穿透型头戴式显示器将计算机虚拟图像叠

加在现实世界之上，它用于增强或补充人眼所看到的东西，为操作员提供与他所看到的现实环境有关的、存储在计算机中的信息，从而增强操作员对真实环境的感受。如图 1-5 所示。

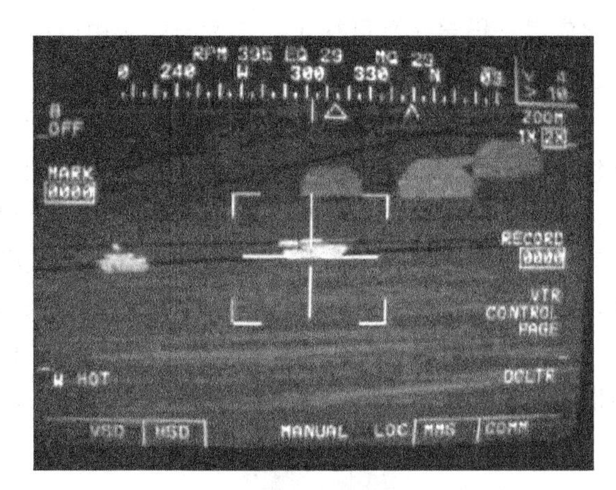

图 1-5 叠加式 VR 系统

(4) 分布式 VR 系统（Distributed VR，DVR） 分布式 VR 系统是一种基于网络的虚拟环境，它在沉浸式 VR 系统的基础上，将位于不同物理位置的多个用户或多个虚拟环境通过网络相连接，每个用户在一个虚拟现实环境中，通过计算机与其他用户进行交互，并共享信息，从而使用户的协同工作达到一个更高的境界（如图 1-6 所示）。这也为今天提倡的网络教学提供了必要的技术支撑。

根据分布式系统环境下所运行的共享应用系统的个数，可把 DVR 系统分为集中式结构和复制式结构。集中式结构是只在中心服务器上运行一份共享应用系统。该系统可以是会议代理或对话管理进程。中心服务器的作用是对多个参加者的输入输出操纵进行管理，允许多个参加者信息共享。它的特点是结构简单，容易实现，但对网络通信带宽有较高的要求，并且高度依赖于中心服务器。

图 1-6 分布式 VR 系统中的虚拟战争

复制式结构是在每个参加者所在的机器上复制中心服务器，这样每个参加者进程都有一份共享应用系统。服务器接收来自于其他工作站的输入信息，并把信息传送到运行在本地机上的应用系统中，由应用系统进行所需的计算并产生必要的输出。它的优点是所需网络带宽较小。另外，由于每个参加者只与应用系统的局部备份进行交互，所以，交互式响应效果好。但它比集中式结构复杂，在维护共享应用系统中的多个备份的信息或状态一致性方面比较困难。

分布式虚拟现实系统在远程教育、科学计算可视化、工程技术、建筑、电子商务、交互式娱乐、艺术等领域都有着极其广泛的应用前景。利用它可以创建多媒体通信、设计协作系统、实境式电子商务、网络游戏、虚拟社区全新的应用系统。

1.3 虚拟现实技术的主要应用领域

虚拟现实技术的应用非常广泛，目前在军事应用、城市仿真、教育与培训、工业应用、医学应用、科学计算可视化和艺术与娱乐中较高的应用。

1.3.1 军事应用

VR 技术的发展源于航天和军事部门。VR 之最新技术成果往往被率先应用于航天和军事领域。VR 技术将为武器装备确定需求、设计、制作样机、批量生产，为部队的模拟训练、战备，为制定合成作战条令，为制订应急计划，为战后评估及战史分析等几乎全部军事活动提供一种一体化的作战环境。这将有助于从虚拟武器及战场顺利地过渡到真实武器与战场，VR 技术对各种军事活动的影响将是极为深远的，有着极为广泛的军事应用前景。

迄今，VR 技术在军事领域中发挥着重要的作用，它被广泛应用于军事教育训练、作战模拟、作战分析研究、作战任务保障与评估及武器装备研制等领域。如图 1-7 所示。

图 1-7 VR 技术在军事上的应用

(1) 军事教育训练 对军事人员的战略性规划、作战和预算等方面的培训是 VR 的一个普遍应用领域。假如将装甲兵、机械化步兵、直升机和诸如 A-10S 和 F-16S 固定翼飞机以及野战集团军防空发射阵地临时接入网络，则立即可使用高逼真度视听方法参加相互的军事演习。借助于多模拟仿真器的节点连接，班长可在各种 VR 战场中以相互对抗或敌我双方部队对抗的方式训练其部队。

(2) 作战模拟 通常作战模拟分为实地军事演习、现场实验、沙盘作业、图上作业、战争对策、计算机模拟仿真和分析模拟仿真。其中计算机作战模拟仿真运算速度快、准确、科学、可靠性强、损耗代价小，是一种崭新的模拟仿真方式。因此，VR 技术作为一种最新的计算机人机交互技术，首当其冲应该用于军事作战模拟领域。这不仅为研究战争问题、作战的指挥和训练提供了科学方法，使研究的进程更为逼真接近实战，而且使研究结果可信，有利于作战指挥艺术和作战技能的提高。

(3) 作战分析研究 为分析问题，军事界广泛采用 VR 技术。在战略、战役和战术层次上，利用 VR 和作战模拟来评估作战进程及战果（以支持分析战后或正进行的战斗）；度量武器系统的效能；为采办规划、计划和预算提供预测；同时亦为试验和鉴定提供一个实验性的环境。作战模拟更趋向于高层次的作战，特别是联合作战的兵力计划、运动和使用等方面。作战模拟经常提供兵力部署的程序、后勤和作战的协调、复杂环境下武器系统的使用以及防御设施的需求的见解。另一方面，VR 更多地用于特殊的作战分析，如特殊的作战类型和武器系统分析，并提供了一个可进行重复试验的、允许应用统计方法度量的实验环境。

(4) 作战任务保障与评估 VR 在作战任务保障与评估中的应用具有颇为乐观的发展前景。作战任务演练或进行试验都需要使用可重视环境和运载工具的仿真器，这样就能使人员通过熟悉可能遇到的情况、逼真的目标以及有关的不确定情况、恶劣的环境和对抗的敌人，来提高完成作战任务的可能性。任务演练可用来试验作战概念，或可形成一项训练规范。对于给定的一支能在任何地方、任何地形、面对任何类型敌人或威胁系统，而且没有在本地进行过先期训练便需要进行作战的部队，任务演练系统能发挥重要的作用。在后勤保障中，则可对各种弹药、油料、武器库存量及后勤物资供应状况进行分析和模拟。可增多系统集成的经验，空军、陆军和海军可在各种评估技术创新效果的规划中使用 VR 方法。

1.3.2 城市仿真

由于城市规划的关联性和前瞻性要求较高，城市规划一直是对全新的可视化技术需求最为迫切的领域之一。从总体规划到城市设计，在规划的各个阶段，通过对现状和未来的描绘（身临其境的城市感受、实时景观分析、建筑高度控制、多方案城市空间比较等），如图 1-8，为改善人居生活环境，以及形成各具特色的城市风格提供了强有力的支持。规划决策者、规划设计者、城市建设管理者以及公众，在城市规划中扮演不同的角色，有效的合作是保证城市规划最终成功的前提。VR 技术为这种合作提供了理想的桥梁，运用 VR 技术能够使政府规划部门、项目开发商、工程人员及公众可从任意角度，实时互动真实地看到规划效果，更好地掌握城市的形态和理解规划师的设计意图，这样决策者的宏观决策将成为城市规划更有机的组成部分，公众的参与也能真正得以实现。这是传统手段如平面图、效果图、沙盘乃至动画等所不能达到的。

图 1-8 VR 技术在城市规划上的应用

（1）仿真的虚拟环境　类似于时下流行的三维动画，同样是通过强大的三维建模技术建立逼真的三维场景，对规划项目进行真实的“再现”。但是 VR 技术建立的虚拟环境是由基于真实数据建立的数字模型组合而成，严格遵循工程项目设计的标准和要求，属于科学仿真系统；而传统动画的三维场景则是由动画制作人员根据资料或想象绘制而成，与真实的环境和数据有较大的差距，严格意义上来说属于一种演示作品。

（2）多方式、运动中感受城市空间　在虚拟现实系统中，可以全方位，多种样式（步行、驱车、飞行、UFO 等），完全由用户自由控制在场景中漫游。VR 技术与传统的三维动画最根本的区别就是：传统动画的观察路径都是预先设定好的，用户只能按照事先设定的路径浏览场景；而 VR 技术可以由用户在三维场景中任意漫游，人机交互，甚至还可以使用专用的头盔把用户的视觉、听觉及其他感觉封闭起来，产生一种身临其境的感觉。这样一来，很多不易察觉的设计缺陷能够轻易地被发现，减少由于事先规划不周全而造成的无可挽回的损失与遗憾，大大提高了项目的评估质量。

（3）实时多方案比较　运用虚拟现实系统，我们可以很轻松随意地进行修改，改变建筑高度，改变建筑外立面的材质、颜色，改变绿化密度……所看即所得，只要修改系统中的参数即可，而不需要像传统三维动画那样，每做一次修改都需要对场景进行一次渲染。这样不同的方案、不同的规划设计意图通过 VR 技术实时的反映出来，用户可以做出很全面的对比，并且虚拟现实系统可以很快捷、方便的随着方案的变化而作出调整，辅助用户作出决定。从而大大加快了方案设计的速度和质量，提高了方案设计和修正的效率，也节省了大量的资金。

（4）三维空间信息交流　虚拟现实系统的沉浸感和互动性不但能够给用户带来强烈、逼真的感官冲击，获得身临其境的体验，还可以通过其数据接口与 GIS 信息相结合，即所谓的 VR-GIS，从而可以在实时的虚拟环境中随时获取项目的数据资料，方便大型复杂工程项目的规划、设计、投标、报批、管理等需要。此外，虚拟现实系统还可以与网络信息相结合，实现三维空间的远程操作。

（5）公众参与与方案展示　对于公众关心的大型规划项目，在项目方案设计过程中，虚拟现实系统可以将现有的方案导出为视频文件用来制作多媒体资料予以一定程度的公示，让公众真正地参与到项目中来。当项目方案最终确定后，也可以通过视频输出制作多媒体宣传片，进一步提高项目的宣传展示效果。

1.3.3 教育与培训

虚拟现实技术的应用前景是很广阔的，它可应用于任何需要使用计算机来存储、管理、分析和理解复杂数据的领域。针对教育事业来说，虚拟现实技术能将三维空间的意念清楚地表示出来，能使学习者直接、自然地与虚拟环境中的各种对象进行交互作用，并通过多种形式参与到事件的发展变化过程中去，从而获得最大的控制和操作整个环境的自由度。这种呈现多维度信息的虚拟学习和培训环境，将为参与者以最直观、最有效的方式掌握一门新知识、新技能提供前所未有的新途径。因此，该项技术的发展在很多教育与培训领域，诸如虚拟科学实验室、立体观念、生态教育、特殊教育、仿真实验、专业领域的训练等应用中，具有明显的优势和特点（如图 1-9 所示）。现阶段，国内外的此类应用主要有以下几个方面。

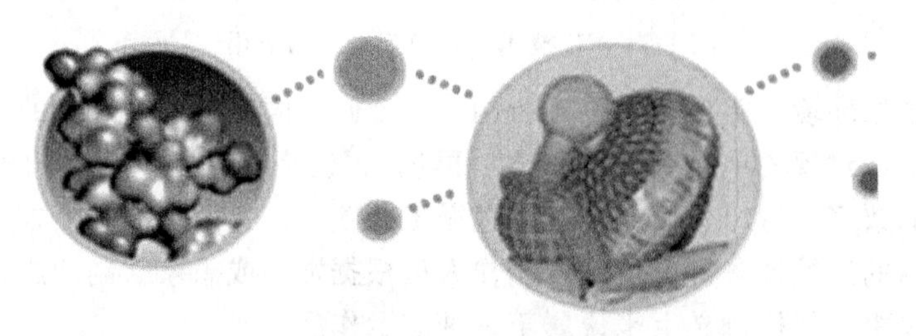

图 1-9　VR 技术在教育科研中的应用

（1）仿真教学与实验　利用虚拟现实技术，可以模拟显现那些在现实中存在的，但在课堂教学环境下用别的方法很难做到或者要花费很大代价才能显现的各种事物，供学生学习和探索。例如，美国一个“虚拟物理实验室”系统的设计就使得学生可以通过亲身实践——做、看、听来学习的方式成为可能。使用该系统，学生们可以很容易地演示和控制物体的形变与非形变碰撞、调整摩擦系数等物理现象；可以停止时间的推移，以便仔细观察物体的运动轨迹随时间的变化过程；还可以通过使用交互式数据手套做万有引力定律等各种实验，从而较深刻地理解物理概念和定律。又如，当学生学习某种机械装置，如计算机的组成、结构、工作原理时，传统的教学方法都是利用图示或放录像的方式向学生展示，但这些方法难于使学生对这种机械装置的运行过程、状态及内部原理有一个明确的了解。这时，应用虚拟现实技术就可以充分显示出其优势：它不仅可以向学生直观地展现出计算机的复杂构造、工作原理以及工作时各个零件的运行状态，而且还可以模仿出计算机各部件在出现故障时的表现和原因，向学习者提供对虚拟物体进行全面的考察、操纵乃至维修的模拟训练机会，从而使教学与实验得到事半功倍的效果。

（2）教育　在虚拟现实技术的帮助下，残疾人能够通过自己的形体动作与他人进行交流，甚至可以用脚的动作与他人进行交谈。在高性能计算机和传感器的支持下，残疾人带上数据手套后，就能将自己的手势翻译成讲话的声音；配上目光跟踪装置后，就能将眼睛的动作翻译成手势、命令或讲话的声音。而专门教弱智儿童掌握手势语言的三维虚拟图像的理解和训练系统，还可以帮助弱智儿童进行练习和训练，从而使他们能很快地熟悉符号、字和手势语言的意义。

（3）多种专业培训　借助于 VR 技术的各项成果，人们将能对危险的、不能失误的、缺少或难以提供真实演练的操作反复地进行十分逼真的练习。例如在医学教育与培训领域，医生见习和实习复杂手术的机会是有限的，而在 VR 系统中却可以反复实践不同的操作。目前，国外很多医院和医学院校已开始用数字模型训练外科医生。其做法是将 X 光扫描、超声波探测、核磁共振等手段获得的人体信息综合起来，建立起反应非常接近真实人体和器官的仿真模型。医生或学员动手术前先在虚拟人体上试验，就可以优化手术方案，提高技术水平，降低失误率。

在我国的教育事业中，传统的教学方法延续多年，人们已逐渐意识到了它的弊病和不足之处。近几年引入多媒体教学方法后，教师不再被局限于黑板，而可以借助于电脑、投影设备、音像设备等为学生展示图、文、声、像等多种媒体来辅助教学，从而取得了很好的效果。从这一例子中，不难推想：如果在不久的将来能更进一步，把 VR 技术引入教学领域，则它的效果一定会非同凡响。

1.3.4 工业应用

虚拟技术已大量应用在汽车、煤炭及石油等工业领域中。

对汽车工业而言，VR 技术既是一个最新的技术开发方法，更是一个复杂的仿真工具，它旨在建立一种人工环境，人们可以在这中环境中以一种“自然”的方式从事驾驶、操作和设计等实时活动。并且虚拟现实技术也可以广泛用于汽车设计、试验和培训等方面（如图 1-10）。

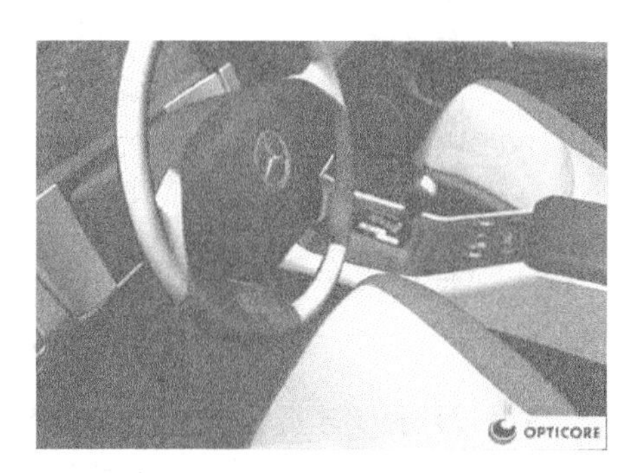

图 1-10　VR 技术在汽车工业领域的应用

在产品设计中的应用：借助虚拟现实技术建立的三维汽车模型，可显示汽车的悬挂、底盘、内饰直至每一个焊接点，设计者可确定每个部件的质量，了解各个部件的运行性能。这种三维模型准确性很高，汽车制造商可按得到的计算机数据直接进行大规模生产。

在汽车制造中的应用：虚拟现实技术是虚拟制造系统的基础和灵魂，虚拟制造系统是由多学科知识形成的综合系统，是利用计算机支持技术对必须生产和制造的汽车进行全面建模和仿真，它能够仿真非实际生产的材料和产品，同时产生有关它们的信息。也可以制订零件生产的机加工方案、拟定产品检验和试验步骤等。

在汽车试验中的应用：虚拟试验技术作为虚拟制造技术的一个环节，在汽车空气动力学及汽车被动安全性研究中正得到越来越广泛的应用，汽车被动安全性研究包括车身抗撞性研究、碰撞生物力学研究以及乘员约束系统和内饰件的研究。

VR 技术在煤矿的应用既属于危险环境下的操作，也属于 CAD、教育和培训的范畴。VR 技术为煤矿安全生产、优化设计和矿工技术培训等提供了一种更为有效的手段。VR 技术对石油企业提高勘探开发效率，加强数据采集、分析、处理能力，减少决策失误，降低企业风险起到了重要的作用。它可以具体应用到：①营造身临其境的环境；②提高人们对勘探目标的识别能力；③方便对地质三维模型的深入研究等方面。除了在汽车、煤炭及石油等工业领域外，VR 技术在其他工业领域也有大量应用。

1.3.5 医学应用

虚拟现实技术在医学方面的应用具有十分重要的现实意义。虚拟现实技术的使用范围包括建立合成药物的分子结构模型到各种医学模拟，进行模拟人体解剖和外科手术培训等。如 GROPE Ⅲ虚拟现实仿真器可用于测试新药物的特性，研究人员可以看到和感受到药物内的分子与其他生化物质的相互作用。虚拟现实技术还可将 CT 或核磁共振图像与体视图像组合起来，医生利用头盔显示器或立体眼镜观看这些合成图像，进行诊断治疗。在实施复杂的外科手术前，先用外科手术仿真器模拟出手术台和虚拟的病人人体，医生用头盔显示器监测病人的血压、心率等指标，用带有位置跟踪器的手术器械演练，并有可能感受到手术时虚拟肌肉的真实阻力。根据演练的结果，医生就可以制订出实际手术的最佳方案。图 1-11 为 VR 技术在医学上的应用。

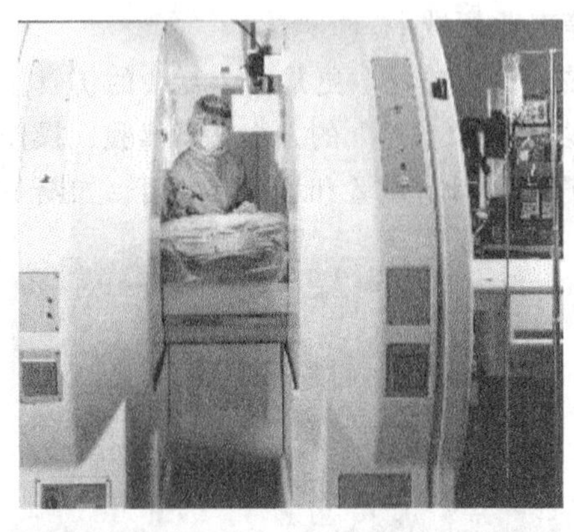

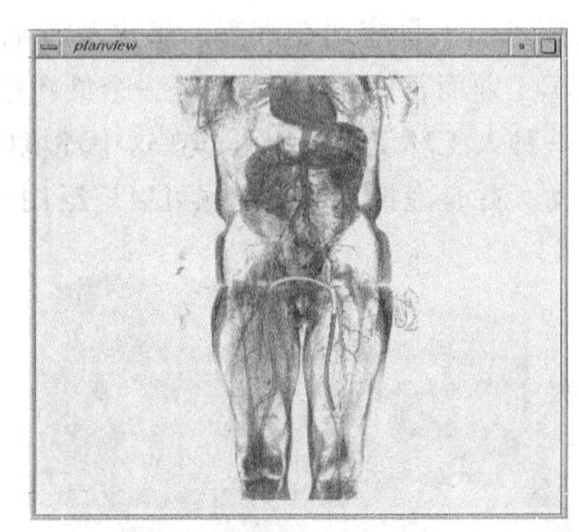

图 1-11 VR 技术在医学上的应用

在远距离遥控外科手术，复杂手术的计划安排，手术过程的信息指导，手术后果预测及改善残疾人生活状况，乃至新型药物的研制等方面，VR 技术都有十分重要的意义。

1.3.6 科学计算可视化

在科学研究中，人们总会面对大量的随机数据，为了从中得到有价值的规律和结论，需要对这些数据进行认真分析，而科学可视化功能就是将大量字母、数字数据转换成比原始数据更容易理解的可视图像，并允许参与者借助可视虚拟设备检查这些“可见的”数据。它通常被用于建立分子结构、地震、地球环境的各组成部分的数学模型。如图 1-12 所示。

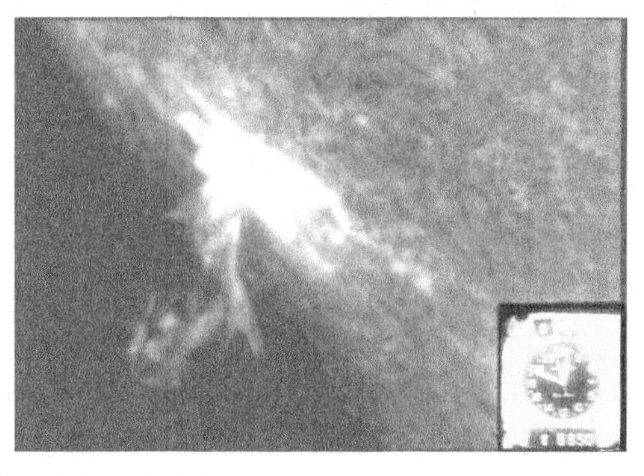

图 1-12 VR 技术在科学计算可视化中的应用

在 VR 技术支持下的科学计算可视化与传统的数据方针之间存在着一定的差别。例如，为了设计出阻力小的机翼，人们必须详细分析机翼的空气动力学特性。因此人们发明了风洞实验方法，通过使用烟雾气体使得人们可以用肉眼直接观察到气体与机翼的作用情况，因而大大提高了人们对机翼动力学特性的了解。虚拟风洞的目的是让工程师分析多旋涡的复杂三维性质和效果、空气循环区域、旋涡被破坏时的乱流等，而这些分析利用通常的数据仿真是很难可视化的。

1.3.7 艺术与娱乐

如图 1-13 所示。丰富的感觉能力与 3D 显示环境使得 VR 成为理想的视频游戏工具。由于在娱乐方面对 VR 的真实感要求不是太高，故近几年来 VR 在该方面发展最为迅猛。作为传输显示信息的媒体，VR 在未来艺术领域方面所具有的潜在应用能力也不可低估。VR 所具有的临场参与感与交互能力可以将静态的艺术（如油画、雕刻等）转化为动态的，可以使观赏者更好地欣赏作者的思想艺术。VR 提高了艺术表现能力。

图 1-13 VR 技术在艺术娱乐的应用

1.4 虚拟现实技术的国内外发展状况

1.4.1 美国的研究现状

美国是 VR 技术研究的发源地，因而大多数研究机构都在美国。

(1) 美国宇航局（NASA） Ames 实验室一直是许多 VR 技术思想的发源地。早在

1981年，他们就开始研究空间信息显示，1984年又开始了虚拟视觉环境显示（VIVED）项目。后来，其研究人员SCott Fisher还开发了虚拟界面环境（VIEW）工作站cAmes完善了HMD，并将VPL的数据手套工程化，使其成为可用性较高的产品。同时他们还在遥视（Telepresence）方面，被认为是找到了一把探索空间奥秘的金钥匙，以辅助人们遥控机器进行精细作业。目前，Ames把研究的重点放在对空间站操纵的实时仿真上，其中一项最著名的实验就是对哈勃太空望远镜的仿真，它使训练者获得一手的现场感觉，对欲执行的任务有很好的感性认识。现在，该实验室正致力于一个叫“虚拟行星探索”（VPE）的试验计划。这一项目能使“虚拟探索者”（Vitual Explorer）利用虚拟环境来考察遥远的行星，他们的第一个目标是火星，系统中大量运用了面向座舱的飞行模拟技术。

（2）北卡罗来纳大学（UNC） 北卡罗来纳大学的计算机系是进行VR研究最早最著名的大学，其领导人是Frederick P. Brooks博士。目前，他们的研究主要是在四个方面：分子建模、航空驾驶问题、外科手术仿真、建筑仿真。UNC从1970年开始研究交互式分子建模。他们解决了分子结构的可视化，并已用于药物和化学材料的研究。UNC开发了一套名为GROUP的设备，使用户能用蛋白质来修改药物分子。他们还采用这一技术进行实物的检验，利用计算机图形学、VR技术和计算机的数据对分子进行重构。Brooks博士还开发了名为“Walk Though”的系统，在这一环境中，人可以像坐直升机一样在建筑物中漫游。其模拟的第一个建筑物就是UNC的计算机系大楼。

（3）Loma Linda大学医学中心 Loma Linda医学中是一所经常从事高难或有争议医学项目研究的单位。David Warner博士和他的研究组成功地将计算机图形及VR的设备用于探讨与神经疾病相关的问题，如帕金森症、舞蹈症等。他们巧妙地将VPL的数据手套作为测量手颤动的工具，将手的运动实时地在计算机上用图形表示出来，从而进行分析诊断。Warner博士还成功地将VR技术应用于受虐待儿童的心理康复之中，并首创了VR儿科治疗法。

美国宇航局（NASA）的Ames现在正致力于一个叫“虚拟行星探索”的实验计划。这一项目能使“虚拟探索者”利用虚拟环境来考察遥远的行星。他们第一个目标是火星。麻省理工大学于1985年成立了媒体实验室进行虚拟环境的正规研究。这个实验室建立了一个名叫BOLIO的测试环境，用于进行不同图形仿真技术的实验。Loma Linda大学医学中心成功地将计算机图形及VR的设备用于探讨与神经疾病相关的问题。

1.4.2 欧盟的研究现状

欧盟认为VR是一门新兴技术，已经组织了几次评价VR的专题活动。德国Damastadt的Franhofer计算及图形学研究所开发了一种名叫“虚拟设计”的VR组合工具，可使图像伴随声音实时显示。德国国家数学与计算机研究中心（GMD）专门成立了一个部门，研究科学视算与VR技术。研究的课题有VR表演、冲突检测、装订在箱子中的物体的移动、高速变换以及运动控制。GMD的另一个项目是利用二维卫星云图，对地球环境进行多维演示模型的虚拟重构。另外，它们对声音以及其他一些人机工程学课题的作用展开研究。英国的ARRL有限公司关于远地呈现的研究试验主要包括VR技术重构问题，他们的产品还包括建筑和科学视算。荷兰的VR研究工作主要是研究一般性的硬件/软件结构问题、人员因素问题。

1.4.3 日本的研究现状

东京大学的原岛研究室开展了3项研究：其一是人类面部表情特征的提取；其二是三维

结构的判定和三维形状的表示；其三是动态图像的提取。东京大学广懒研究室开发了4项研究成果：其一是类似CAVE的系统，用3个摄像机摄取图像并投影在3个屏幕上；其二是用HMD在建筑群中漫游，头部安装有3个测量自由度的传感器，脚下的踏板上有两个测量传感器（分别用于向前后运动和向左右转弯）；其三是人体测量和模型随动，在头部、后背左前臂、右前臂各安装一个传感器（每个传感器有6个自由度），由此得到人体姿势，计算机显示的虚拟人体随真实人体的运动而运动；其四是飞行仿真器。试验者坐在六自由度振动座椅上，依靠座椅的振动来模拟真实的座舱，而飞行中的场景变化则在环绕仿真器四周的背投式大屏幕（约2m×3m）上显示。

1.4.4 我国的研究现状

清华大学对虚拟现实及其临场感等方面进行了大量研究，其中有不少方案和方法都独具特色，比如球面屏幕显示和图像随动、克服立体图闪烁的措施和深度感实验测试等。

北京航空航天大学虚拟现实与多媒体研究室已经在DVENET上开发了直升机虚拟仿真器、坦克虚拟仿真器、虚拟战场环境观察器、计算机兵力生成器；连接了装甲兵工程学院提供的坦克仿真器；完成了DVENET下分布交互仿真使用的真实地形；并连接了多家单位开发的J7，F22，F16及单兵等虚拟仿真器。他们的总设计目标是为我国军事模拟训练与演习提供一个多武器协同作战或对抗的战术演练系统。

东南大学仪器科学与工程系正在积极开展虚拟现实的研究工作，宋爱国教授正从事基于遥控操作机器人中虚拟现实技术，目前正致力于横向开发项目“基于虚拟现实的单自由度临场感机械手实验装置研制”以及国家973重大基础研究项目2级课题“多感觉信息虚拟环境合成的理论”。

习题1

1-1 什么是虚拟现实技术？

1-2 虚拟现实技术的分类有哪几个方面？

1-3 简述虚拟现实技术的应用领域，列举你在日常生活中见到的或感受到的虚拟现实技术的具体应用实例。

1-4 查阅有关虚拟现实技术的相关资料。

2 虚拟现实交互设备

为了实现虚拟现实的沉浸性和交互性，虚拟现实系统必须具备人体的感官特性，包括视觉、听觉、触觉、味觉、嗅觉等，同时虚拟现实系统还要能判断出与虚拟世界进行交互角色的空间位置。这些角色包括人、动物、车等可以自主移动的物体。目前研制的虚拟现实交互设备，根据功能的不同，分为视觉显示系统、三维声音系统、虚拟物体操作设备、触觉系统、运动捕捉系统以及虚拟跟踪系统。这一章主要描述这些交互设备的功能、技术参数以及目前存在的问题。

2.1 视觉显示系统

2.1.1 立体成像原理

人之所以能看见立体的景物，可以辨别物体的远近层次，主要是因为人有两只眼睛。人双眼的瞳距约为 65mm，眼睛的视野由 3 部分组成，其最大的区域是中央的重叠区，即双眼都可看到的区域，另外两部分是左右眼单视区。景物在双眼中分别成像，左右眼像略有不同，然后由大脑皮层处理成为单一的立体的心理像，就像用一只眼睛看到的一样。这就是所谓的“双眼单视”。因而从主观感觉的角度可以把两只眼睛看成单一的器官。现在假想一只单一的眼睛来代表双眼的功能，称之为“中央眼”，它位于双眼连线的中间（如图 2-1）。假设左右眼视网膜像的重合代表这一假想眼产生的单一像，将两个视网膜重叠起来，使两个中央凹以及相应的像线相吻合，那么这个双视网膜就代表假想中央眼的视网膜。在定向空间物体时，是以中央眼的中央凹向前方延伸的直线作为视觉正前方来判定对象是在正前方、右侧或左侧的。这种中央眼向外界空间投射的方向线也就是视觉方向线。

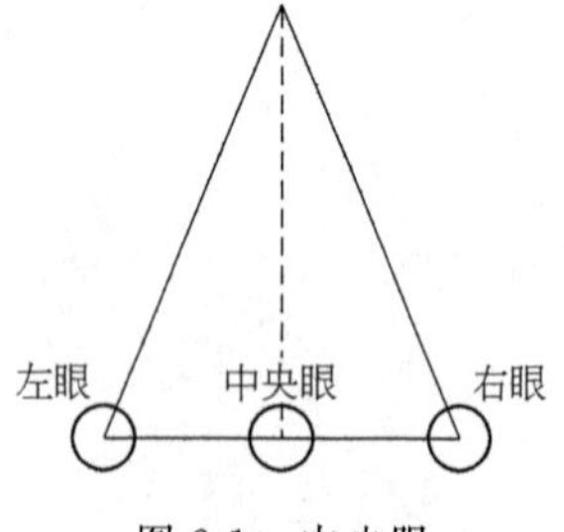

图 2-1　中央眼

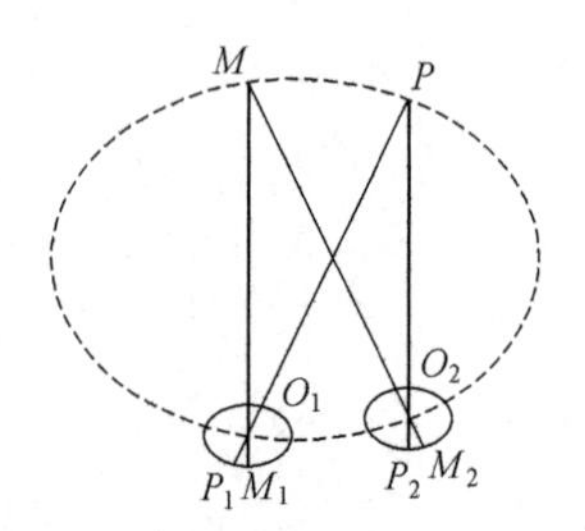

图 2-2　视网膜相应点的确定

立体显示中另一重点的概念是视网膜相应点。在双眼视觉中，两个视网膜上在感受到刺激的时候产生同一视觉方向的那些单元就是视网膜的相应点。要确定两个视网膜上的相应点，即当人们注视物体上的某一点时，由该点发出的光线经晶状体的调节、双眼光轴对目标的辐辏等生理功能的调节最终会聚到视网膜的中心（中央凹）。因此，双眼的中央凹在视网膜上给出了对应位置。现在来确定视网膜上其他点的对应关系，如图 2-2 所示。

两眼注视 M 点，设晶状体的中心为 O_1 和 O_2。分别连接 M 和 O_1 及 O_2，并延伸它们分别与视网膜相交于 M_1 和 M_2 点。取一点 P，连接 PO_1 和 PO_2 并延长，与视网膜相交于 P_1 和 P_2，当 $\angle P_1O_1M_1=\angle P_2O_2M_2$ 时，它们处于彼此对应的位置，即 P_1 和 P_2 是视网膜上的相应点。通过推导可知组合所有的 P 点就可构成一通过 O_1 和 O_2 点的圆，即全息圆。形成双眼单视的条件是物像必须落在双眼视网膜的相应点上，即大脑皮层只能将视网膜相应点上的像融合成单一心理像。

双眼的视觉方向是中央凹的视觉方向，不同目标的像如果落在视网膜的相应点上，它产生的视觉方向是一致的。但这些物体的实际位置可能并不在同一方向上，这就出现了客观与主观视觉空间的差异。做一个简单的实验即可证明这种差异的存在，如图 2-3 所示。

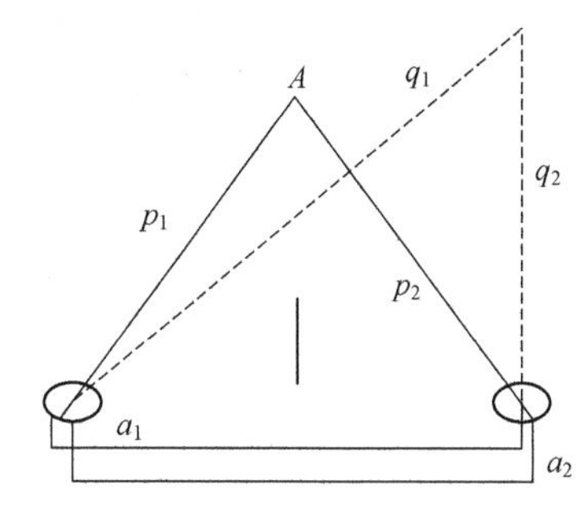

图 2-3 主客观视觉差异

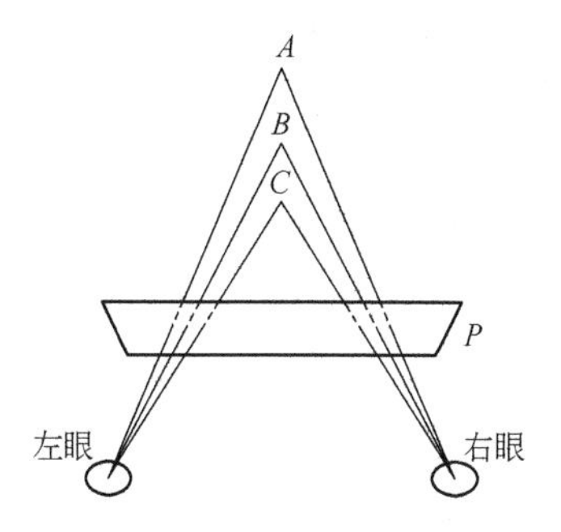

图 2-4 深度视觉的形成

双眼注视一点 A，A 在左右视网膜上分别成像为 a_1 和 a_2，q_1、q_2 的像落在视网膜相应点上。在双眼中间放置一个屏幕，使左眼只看到 p_1，q_1，右眼只看到 p_2，q_2，这时观察者就会觉得 p_1，p_2 在同一方向上，q_1，q_2 在同一方向上，其中 p_1，p_2 在正前方，但它们的实际位置是在不同方向的。

另一个概念是深度视觉的形成。影响视觉形成的因素主要有以下几种：晶状体的调节、双眼光轴对目标的辐辏（集合）、双眼单视及单眼移动视差。其中双眼视差是知觉立体物体和前后层次关系的最重要因素。只有全息圆上点的物像才能落在视网膜的相应点上，反之偏离全息圆的任一点的物像将不会落在视网膜的相应点上，因而也就不能形成双眼单视，这种效应是双眼视差或双眼差异。双眼视差是深度感形成的重要基础，如图 2-4 所示。

三个深度不同的目标点 A，B，C，它们在视平面 P 上的投影像横向位置不重合，即在左右眼视网膜上的像之间存在相对位移。当注视 B 点时，B 点发出的光线将会聚在两个视网膜的中央凹上，而 A 和 C 就会产生双眼视差。然后由大脑皮层根据 A，C 相对 B 点的位移大小即双眼视差来确定 A，C 点相对于 B 点的位置。这是一个可逆的过程，即当双眼分别观察到两幅存在横向位移的平面图像时，经过大脑的融合作用，也可获得立体深度感。

2.1.2 头盔显示器（Head Mounted Display，HMD）

头盔显示器（HMD）是专为用户提供虚拟现实中立体场景的显示器，一般由以下几部分组成：图像信息显示源（显示器）、图像成像的光学系统、定位传感系统、电路控制及连接系统、头盔及配重装置。两个显示器（LCD 或 CRT）分别向两只人眼提供图像，显示器所发射的光线经过凸状透镜使影像因折射产生类似远方效果，利用此效果将近处物体放大至远处观赏而达到所谓的全像视觉（Hologram）。HMD 可以使参与者暂时与真实世界隔离开，而处于完全沉浸状态，因而它已成为沉浸式 VR 系统不可或缺的视觉输出设备。

图像显示信息源是指图像信息显示器件，一般采用微型高分辨率 CRT 或 LCD，EL，

VFD，LED，FED，PDP 等平板显示器件。其中 CRT 和 LCD 是最为常用的两种。CRT 具有高分辨率、高亮度、快的响应速度和低成本等特性，其不足之处是功耗较大、体积大、重量重。而 LCD 的优点是功耗小、体积小、重量轻，其不足之处是亮度较低、响应速度较慢。

在头盔显示器件中，观察者是通过眼前的目镜看清图像的，因此在 HMD 中，光学系统的设计是十分重要的，它影响着图像显示的质量。HMD 可以根据需要，设计成全投入式或半投入式。全投入式将显示器件的图像经放大、畸变等像差的校正以及中继等光学系统在观察者眼前呈放大的虚像；半投入式是将经过校正放大的虚像投射到观察者眼前的半反半透的光学玻璃上，这样显示的图像就叠加在透过玻璃的外界环境图像之上，观察者可以同时得到显示的信息和外部环境的信息。光学系统的设计不仅关系到成像质量的好坏，还影响到头盔显示的体积和重量，以及观察者在长时间观看时是否疲劳，因此光学系统和视觉感受是 HMD 研究的重要部分。光学系统的设计还应考虑观察者的视力、瞳孔间距等因素，设计成可调整结构。

头盔的定位传感系统是与光学系统同等重要的一部分。它包括头部的定位和眼球的定位。眼球的定位主要应用在瞄准系统上，一般采用红外图像的识别处理跟踪来获得眼球的运动信息。头部定位采用的方法比较多，如超声波、磁、红外、发光二极管等的定位系统（见三维跟踪系统），头部的定位提供位置和指向六个自由度的信息。对定位传感系统的要求是灵敏度高、延迟小。

电路控制系统一般与头盔显示器分开放置以减轻头盔重量。头盔是显示器的固定部件，由于显示器的重量在头的前部，使头部的重心发生了变化，容易发生疲劳，因此应在头后部加配重保持重心不变，但头盔的重量应尽可能轻。

HMD 的基本标参数主要包括：显示模式、显示视野（FOV）、视野双目重叠、显示分辨率、眼到虚拟图像的距离、眼到目镜距离、物面距离、目标域半径（最大）、视轴间夹角、瞳孔间距（IPD）、焦距、出射光瞳（exit pupil）、图像像差、视觉扭曲校正、重量、视频输出等。

VISIONMAX 公司的 5DT HMD800 系列头盔显示器是较新的产品之一，如图 2-5 所示，下面列出其主要的技术特性（如表 2-1）及其价格来增加对 HMD 的感性认识。

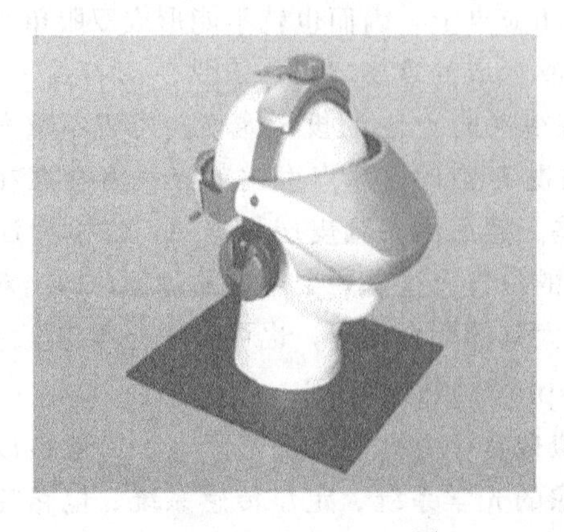
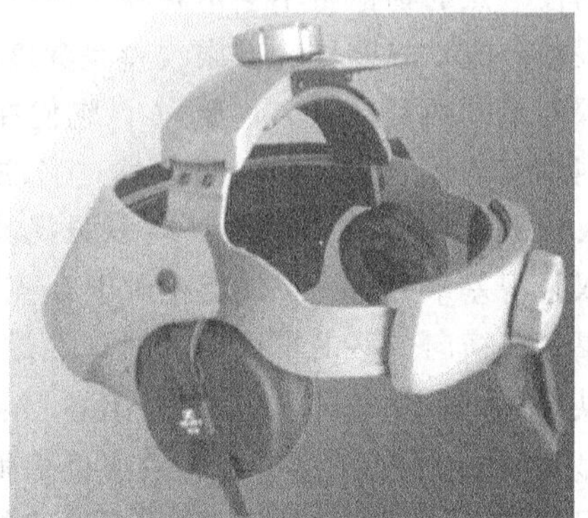

图 2-5　5DT HMD800

人们在 VR 系统中主要是通过双眼的视觉效应来获取信息，HMD 就是可以产生这种逼真视觉效应的主要设备之一。与立体眼镜等显示设备相比，HMD 虽然价格昂贵，但是沉浸感比较好，而且对用户的运动没有限制。当然，它也存在着诸如约束感较强、LCD 的分辨率偏低、失真较大等问题。

表 2-1 5DT HMD800 系列 HMD 的技术特性

特　　性	HMD 800-26	HMD 800-40
分辨率	800×600	800×600
可视角度	26°	40°
显示技术	LCOS	OLED
立体显示	2D/3D	仅 3D
信号输入	SVGA,PAL,NTSC	SVGA,PAL,NTSC
重量/g	600	600
头戴麦克风	森塞海而 HD25(16Hz～22kHz)	森塞海而 HD25(16Hz～22kHz)
价格/元	2D:29950;3D:39950	99950

2.1.3 双目全方位显示器（BOOM）

双目全方位监视器（Binocular Omni-Orientation Monitor，BOOM）是一种偶联头部的立体显示设备，是一种特殊的头部显示设备。使用 BOOM 比较类似于使用一个望远镜，它把两个独立的 CRT 显示器捆绑在一起，由两个互相垂直的机械臂支撑，这不仅让用户可以在半径约 2m 的球面空间内用手自由操纵显示器的位置，还能将显示器的重量加以巧妙的平衡而使之始终保持水平，不受平台的运动影响。在支撑臂上的每个节点处都有位置跟踪器，因此 BOOM 和 HMD 一样有实时的观测和交互能力。

与 HMD 相比，BOOM 采用高分辨率的 CRT 显示器，因此其分辨率比 HMD 高，高端产品 Boom2c 模型的分辨率是 1280×1024 像素点，比任何 HMD 的分辨率都高，且它的图像更柔和。BOOM 的位置及方向跟踪是通过计算机械臂节点角度的变化来实现的，因而其系统延迟小，且不受磁场和超声波背景噪声的影响。虽然沉浸感比 HMD 差些，但是使用这种设备使用方便灵活。BOOM 的缺点是使用者的运动受限，因为在工作空间中心的支撑架造成了“死区”，因此 BOOM 的工作区要去除中心大约 0.5m^2 的空间范围。

2.1.4 CRT 终端-液晶光闸眼镜

CRT 终端-液晶光闸眼镜立体视觉系统的工作原理是：由计算机分别产生左、右眼的两幅图像，经过合成处理后，采用分时交替的方法显示于 CRT 终端上。用户则佩戴一副与计算机相连的液晶光闸眼镜，眼镜片在驱动电信号的作用下，将以与图像显示同步的速率交替“开”（透光）、“闭”（遮光），即当计算机显示左眼图像时，右眼透镜将被遮蔽，显示右眼图像时，左眼透镜被遮蔽。根据双目视差与深度距离的正比关系，人的视觉生理系统可以自动将这两幅视差图像融合成一个立体图像。

上述方案的主要技术难点在于如何减弱闪烁现象。因为按照这种分时观察方式，单眼观察图像的频率即为视频信号场频的一半，所以对于通常的摄像机和监视器，无论是 PAL 制式（50Hz 场频），或是 NTSC 制式（60Hz 场频），相应的单眼观察频率都低于人眼的临界闪烁频率（43Hz）。为此 VTE（美国视讯公司）利用多媒体视频卡将视频信号转换成计算机终端显示的 RGB 信号，将其存入视频卡的帧存储器 VRAM 中，然后在 VGA 扫描时序的控制下读出，送往高场频的 CRT 终端，由于 VRAM 的缓冲作用，“读出”的场频可通过 VGA 卡的模式设置选择较高的数值，这样就形成了一种“慢存快读”的机制，显示场频的提高可使图像闪烁现象明显得到改善。这里需要配合的是液晶光闸镜片的“开”、“闭”频率响应特性，为此研制了液晶光闸片及其快速的驱动电路，较好地实现了与图像显示的同步。

相对于 HMD 和 BOOM 而言，液晶光闸眼镜是一种非常廉价的立体显示设备。它极其短促的光栅开/关时间和监视器的高刷新率形成了无数闪烁图像，使得这种图像比基于 LCD 的 HMD 要清晰得多，而且长时间观察也不会令人疲倦。同时，立体眼镜重量轻，使用舒适，其操作范围最远可离监视器 6m。但是，由于光栅过滤器泄漏一部分光，所以使用者看到的图像亮度不如普通屏幕好，且由于使用者没有与显示器相连，无法感觉到是被虚拟世界包围，因而沉浸感较差，通常只在桌面式 VR 系统或一些多用户的环境下使用。

2.1.5 大屏幕投影-液晶光闸眼镜

大屏幕投影-液晶光闸眼镜立体视觉系统的原理和 CRT 显示一样只是将分时图像 CRT 显示改为大屏幕投影显示，用于投影的 CRT 或数字投影机要求具有极高的亮度和分辨率，它适合在较大的视野内产生投影图像的应用需求。

洞穴式 VR 系统就是一种基于投影的环绕屏幕的洞穴自动虚拟环境 CAVE（Cave Automatic Virtual Environment）。人置身于由计算机生成的三维世界，并能在其中来回走动，从不同角度观察它、触摸它、改变它的形状。大屏幕投影系统除了洞穴状的投影屏幕（CAVE）还有圆柱形的投影屏幕和由矩形块拼接构成的投影屏幕等。如图 2-6 所示。

(a) CAVE 投影

(b) 圆柱形的投影屏幕

(c) 由矩形块拼接构成的投影屏幕

图 2-6 大屏幕投影系统

大屏幕投影系统的不足表现在：价格昂贵，要求更大的空间和更多的硬件等。但是投影式 VR 系统对一些公众场所是很理想的，例如艺术或娱乐中心等，因为参与者几乎不需要任何专用硬件，而且允许很多人同时享受一种虚拟现实经历。

2.2 三维声音系统

三维声音不是立体声的概念，而是指由计算机生成的、能由人工设定声源在空间中的三维位置的一种合声音。这种声音技术不仅考虑到人的头部、躯干对声音反射所产生影响，还对人的头部位置进行实时跟踪，使虚拟声音能随着头部的自由转动相应地变化，从而能够得到逼真的三维听觉效果。

三维声音处理包括声音合成、3D 声音定域和语音识别。在虚拟环境中，一般不能仅依靠一种感觉，错综复杂的临场感通常需要用到立体声。为此需要设置静态及动态噪声源，并创建一个动态的声学环境。在 VR 应用中，这个问题甚至比实时处理数据更重要，因为当进入信息流影响数据库状态时，用声音来提醒用户注意至关重要。

人根据到达两耳的声音强度与相位差，来区别发声的方向与位置，而且善于同时处理多个事件。例如当视觉系统处理某一事件时，听觉系统同时以比视觉系统低得多的频带宽度在后台工作。由于人的听觉系统很善于在众多的声音中选取特定的声音，因此，在 VR 系统中加入声音合成装置对沉浸感的经历十分有效。人们正积极进行用非语言听觉（nonspeech-audio）研究低级传感器和听觉器官的高级认知因子，从而实现交互修改和听觉参数识别、分离、定域多个同时发出的声源的研究。

虚拟环境产生器中的声音定域系统对于利用声音的发生源和头部位置及声音相位差传递函数，来实时计算出声音源与头部位置发生分别变动时的变化。声音定域系统可采集自然或合成声音信号并使用特殊处理技术在 360°的球体中空间化这些信号。例如，可以产生诸如时钟“滴答”的声音并将其放置在虚拟环境中的准确位置，参与者即使头部运动时，也能感觉到这种声音保持在原处不变。

为了达到这种效果，声音定域系统必须考虑参与者两个“耳廓”的高频滤波特性。参与者头部的方向对于正确地判定空间化声音信号起到重要的作用。因此，虚拟环境产生器要为声音定域装置提供头部的位置和方向信号。

VR 的语言识别系统让计算机具备人类的听觉功能，使人-机以语言这种人类最自然的方式进行信息交换。必须根据人类的发声机理和听觉机制，给计算机配上“发声器官”和“听觉神经”。当参与者对微音器说话时，计算机将所说的话转换为命令流，就像从键盘输入命令一样，在 VR 系统中，最有力的也是最难实现的是语音识别。

VR 系统中的语音识别装置，主要用于合并其他参与者的感觉道（听觉道、视觉道等）。语音识别系统在大量数据输入时，可以进行处理和调节，像人类在工作负担很重时将暂时关闭听觉道一样。不过，在这种情况下，将影响语音识别技术的正常使用。

2.3 虚拟物体操作设备

2.3.1 数据手套（Data Glove）

数据手套是 VR 系统常用的人机交互设备，是一种多模式的虚拟设备，通过手指上的弯曲、扭曲传感器和手掌上的弯度、弧度传感器，确定手及关节的位置和方向，当操作者戴着数据手套运动时，从数据手套控制器可以输出手指各关节的位置信息，再通过软件编程对这些信息进行处理，可进行虚拟场景中物体的抓取、移动、旋转等动作，也可以利用它的多模式性，用作一种控制场景漫游的工具。在虚拟装配和医疗手术模拟中，数据手套是不可缺少的一个组成部分。图 2-7 为 VTi CyberGlove 数据手套，表 2-2 为其规格。

图 2-7 VTi CyberGlove 数据手套

数据手套把光导纤维和一个三维位置传感器缠绕在一个轻的、有弹性的手套上，每个手指的每个关节处都有一圈纤维，用以测量手指关节的位置与弯曲。当关节运动时，光线受到压迫和变形将导致传输受到影响，可以用一个光检测器测量出光输出的变化和折损，然后经控制器综合后送到计算机。数据手套还包括一个留自由度的探测器，以检测用户手的位置、方向以及手指和手腕的相对运动，再由应用程序来判断出用户在虚拟环境中进行操作时的手的姿势，从而为 VR 系统提供了可以在虚拟境界中使用的各种信号。

表 2-2　VTi CyberGlove 的规格

手的尺寸	适合所有尺寸
分辨率	0.5°
关节	18 个感应器型：每个手指 2 个弯曲传感器，4 个手掌外展传感器，拇指和腕部各 2 个。 22 个感应器型：除了以上 18 个传感器外，增加了 4 个手指关节末梢的弯曲传感器
更新速率	112 records/sec(过滤后)，149 records/sec(不过滤)
重复性	1°
接口	RS-232
重量	3.0 oz(85g)

除了能够跟踪手的位置和方位外，数据手套还可用于模拟触觉。戴上这种特殊的手套就可以以一种新的形式去体验虚拟世界。使用者可以伸出戴手套的手去触碰虚拟世界里的物体，当碰到物体表面时，不仅可以感觉到物体的温度、光滑度以及物体表面纹理等几何属性，还能感觉到稍微的压力作用。虽然没有东西阻止手的继续下按，但是下按越深，手上感受到的压力就会越大，当松开手时压力又消失了。模拟触觉的关键是某种材质的压力或皮肤的变形。

数据手套是沉浸式 VR 系统的重要交互设备之一，它的优点是体积小、重量轻，而且用户感觉舒适、操作简单。

2.3.2　力矩球（Space Ball）

力矩球（空间球 Space Ball）是一种可提供为 6 自由度的外部输入设备，它安装在一个小型的固定平台上。6 自由度是指宽度、高度、深度、俯仰（pitch）角、转动（yaw）角和偏转（roll）角，可以扭转、挤压、拉伸以及来回摇摆，用来控制虚拟场景做自由漫游，或控制场景中某个物体的空间位置及其方向。力矩球通常使用发光二极管来测量力。它通过装在球中心的几个张力器测量出手所施加的力，并将测量值转化为三个平移运动和三个旋转运动的值送入计算机中，计算机根据这些值来改变其输出显示。其优点是简单耐用，易于表现多维自由度，方便地对虚拟对象进行操作，缺点是不够直观，选取对象时不很明确，一般与数据手套、立体眼镜配合使用，可大幅度提高操作效率。图 2-8 为 Space Ball 5000 三维空球。

2.3.3　操纵杆

操纵杆是一种可以提供前后左右上下六个自由度及手指按钮的外部输入设备（如图 2-9

图 2-8　Space Ball 5000 三维空球

图 2-9　Saitek 公司的劲杆三维

所示）。适合对虚拟飞行等的操纵。由于操纵杆采用全数字化设计，所以其精度非常高。无论你用多快的速度操纵它，它都可以快速作出响应。

操纵杆的优点是操纵灵活方便，真实感强，相对其他虚拟设备价格低廉。缺点是只能用于特殊的环境，比如模拟飞行等。

2.3.4 触觉反馈装置

在 VR 系统中，如果没有触觉反馈，当用户接触到虚拟世界的某一物体时容易使手穿过物体，从而失去真实感。解决这种问题的有效方法是在用户的交互设备中增加触觉反馈。触觉反馈主要是基于视觉、气压感、振动触感、电子触感和神经肌肉模拟等方法来实现的。向皮肤反馈可变电脉冲的电子触感反馈和直接刺激皮层的神经肌肉模拟反馈都不太安全，相对而言，气压式和振动触感式是较为安全的触觉反馈方法。

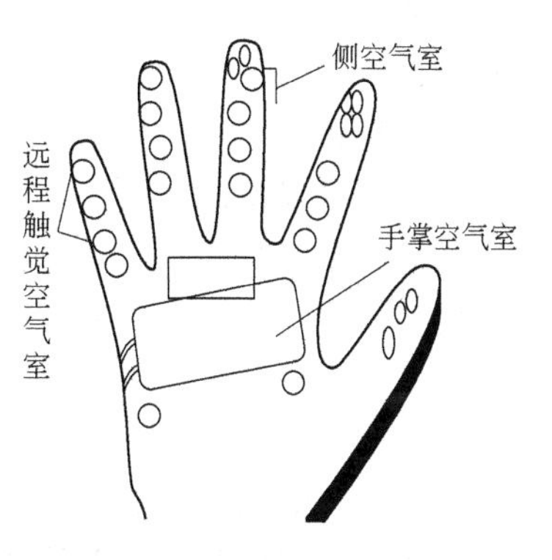

图 2-10 气压式反馈装置

气压式触摸反馈是一种采用小空气袋作为传感装置的（如图 2-10），它由双层手套组成，其中一个输入手套用来测量力，有 20～30 个力敏元件分布在手套的不同部位，当使用者在 VR 系统中产生虚拟接触时，检测出手的各个部位的受力情况。用另一个输出手套来再现所检测出的压力，手套上也装有 20～30 个空气袋放在对应的位置，这些小空气袋由空气压缩泵控制其气压，并由计算机对气压值进行调整，从而实现虚拟手物触碰时的触觉感受和受力情况。该方法实现的触觉虽然不是非常逼真，但是已取得较好的效果。

振动式反馈是用声音线圈作为振动换能器以产生振动的方法。简单的换能器就如同一个未安装的喇叭的声音线圈，复杂的换能器是利用状态记忆合金制成。当电流通过这些换能器时，它们都会发生变形和弯曲。可以根据需要把换能器做成各种形状，把它们安装在皮肤表面的各个位置。这样就能产生对虚拟物体的光滑度、粗糙度的感知。

2.3.5 力觉反馈装置

力觉和触觉实际是两种不同的感知，触觉包含的感知内容更丰富些如接触感、质感、纹理感以及温度感等；力觉感知设备要求能反馈力的大小和方向，与触觉反馈装置相比，力反馈装置相对成熟一些。目前已有得力反馈装置有：力量反馈臂、力感反馈操纵杆、笔式六自由度游戏棒等。其主要原理是由计算机通过力反馈系统（机械或其他力推动和刺激）对用户的手、腕、臂等产生运动阻尼从而使用户感受到作用力的方向和大小。

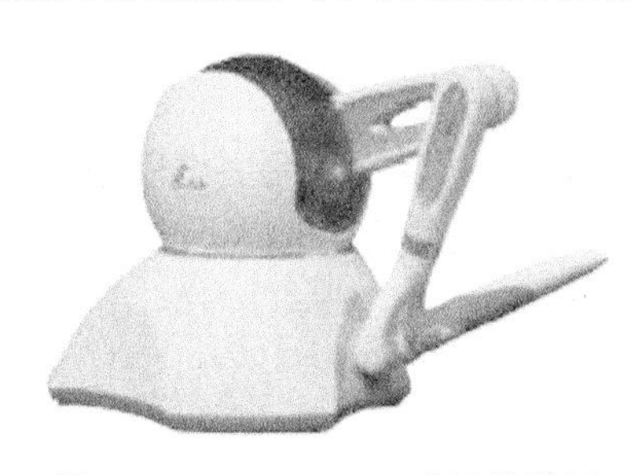
图 2-11 PHANTOM 力反馈装置

SensAble 科技公司的 PHANTOM 系列触觉交互设备能使用户接触并操作虚拟物体（如图 2-11），不同的 PHANTOM 产品系列分别适合于从事不同研究领域或商业需求的用户。PHANTOM 作为一种高精度的触觉交互设备，它可以提供非常大的工作空间和反馈力，以及 6 自由度的运动能力。

由于人的力觉感知非常敏感，一般精度的装置根本无法满足要求，而研制高精度力反馈装置又相当困难和昂贵，这是人们面临的难题之一。

2.4 运动捕捉系统

在VR系统中为实现人与VR系统的交互，必须确定参与者的头部、手、身体等的位置与方向，准确地跟踪测量参与者的动作，将这些动作实时检测出来，以便将这些数据反馈给显示和控制系统。这些工作对VR系统是必不可少的，也正是运动捕捉技术的研究内容。

到目前为止，常用的运动捕捉技术从原理上说可分为机械式、声学式、电磁式和光学式。同时，不依赖于专用传感器，而直接识别人体特征的运动捕捉技术也将很快走向实用。不同原理的设备各有其优缺点，一般可从以下几个方面进行评价：定位精度、实时性、使用方便程度、可捕捉运动范围大小、成本、抗干扰性、多目标捕捉能力。

从技术的角度来说，运动捕捉的实质就是要测量、跟踪、记录物体在三维空间中的运动轨迹。典型的运动捕捉设备一般由以下几个部分组成。

(1) 传感器　被固定在运动物体特定的部位，向系统提供运动的位置信息。

(2) 信号捕捉设备　负责捕捉、识别传感器的信号。

(3) 数据传输设备　负责将运动数据从信号捕捉设备快速准确地传送到计算机系统。

(4) 数据处理设备　负责处理系统捕捉到的原始信号，计算传感器的运动轨迹，对数据进行修正、处理，并与三维角色模型相结合。

2.4.1 机械式运动捕捉

机械式运动捕捉依靠机械装置来跟踪和测量运动轨迹。典型的系统由多个关节和刚性连杆组成，在可转动的关节中装有角度传感器，可以测得关节转动角度的变化情况。装置运动时，根据角度传感器所测得的角度变化和连杆的长度，可以得出杆件末端点在空间中的位置和运动轨迹。实际上，装置上任何一点的运动轨迹都可以求出，刚性连杆也可以换成长度可变的伸缩杆，用位移传感器测量其长度的变化。

机械式运动捕捉的一种应用形式是将欲捕捉的运动物体与机械结构相连，物体运动带动机械装置，从而被传感器实时记录下来。X-Ist的FullBodyTracker是一种颇具代表性的机械式运动捕捉产品。

这种方法的优点是成本低，精度也较高，可以做到实时测量，还可容许多个角色同时表演。但其缺点也非常明显，主要是使用起来非常不方便，机械结构对表演者的动作阻碍和限制很大。

2.4.2 声学式运动捕捉

常用的声学式运动捕捉装置由发送器、接收器和处理单元组成。发送器是一个固定的超声波发生器，接收器一般由呈三角形排列的三个超声探头组成。通过测量声波从发送器到接收器的时间或者相位差，系统可以计算并确定接收器的位置和方向。Logitech，SAC等公司都生产超声波运动捕捉设备。

这类装置成本较低，但对运动的捕捉有较大延迟和滞后，实时性较差，精度一般不很高，声源和接收器间不能有大的遮挡物体，受噪声和多次反射等干扰较大。由于空气中声波的速度与气压、湿度、温度有关，所以还必须在算法中做出相应的补偿。

2.4.3 电磁式运动捕捉

电磁式运动捕捉系统是目前比较常用的运动捕捉设备。一般由发射源、接收传感器和数据处理单元组成。发射源在空间产生按一定时空规律分布的电磁场；接收传感器（通常有

10～20 个）安置在表演者身体的关键位置，随着表演者的动作在电磁场中运动，通过电缆或无线方式与数据处理单元相连。

它的缺点在于对环境要求严格，在使用场地附近不能有金属物品，否则会造成电磁场畸变，影响精度。系统的允许范围比光学式要小，特别是电缆对使用者的活动限制比较大，对于比较剧烈的运动则不适用。

2.4.4 光学式运动捕捉

光学式运动捕捉通过对目标上特定光点的监视和跟踪来完成运动捕捉的任务。目前常见的光学式运动捕捉大多基于计算机视觉原理。从理论上说，对于空间中的一个点，只要它能同时为两部相机所见，则根据同一时刻两部相机所拍摄的图像和相机参数，可以确定这一时刻该点在空间中的位置。当相机以足够高的速率连续拍摄时，从图像序列中就可以得到该点的运动轨迹。图 2-12 为动作捕捉系统框图，图 2-13 为光学三维运动捕捉系统效果图。

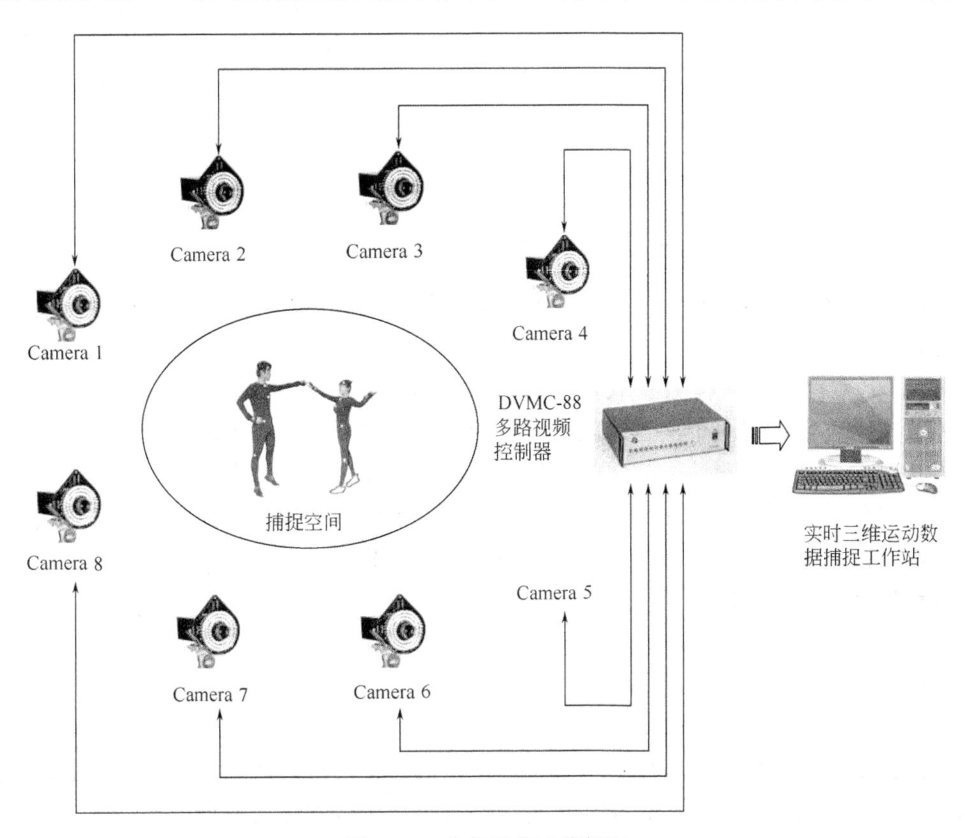

图 2-12 动作捕捉系统框图

这种方法的缺点是系统价格昂贵，虽然它可以捕捉实时运动，但后处理（包括识别、跟踪、空间坐标的计算）的工作量较大，对于表演场地的光照、反射情况有一定的要求，装置定标也较为烦琐。

2.4.5 数据衣

在 VR 系统中比较常用的运动捕捉是数据衣。数据衣是为了让 VR 系统识别全身运动而设计的输入装置。它是根据“数据手套”的原理研制出来的，这种衣服装备着许多触觉传感器，穿在身上，衣服里的传感器能根据你身体的动作，可以探测和跟踪人体的所有动作。数据衣对人体大约 50 多个不同的关节进行测量，包括膝盖、手臂、躯干和脚。通过光电转换，

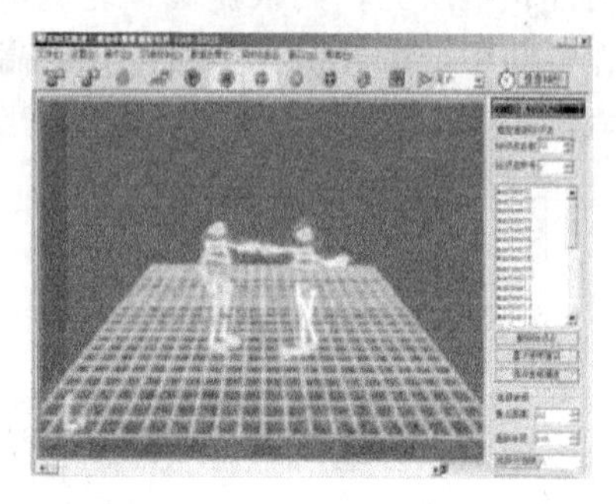

图 2-13　光学三维运动捕捉系统效果图

身体的运动信息被计算机识别，反过来衣服也会反作用在身上产生压力和摩擦力，使人的感觉更加逼真。

和 HMD、数据手套一样数据衣也有延迟大、分辨率低、作用范围小、使用不便等缺点，另外数据衣还存在着一个潜在的问题是人的形体差异太大。为了监测全身，不但要检测肢体伸展状况，而且要检测肢体的空间位置及方向，这需要使用多个空间跟踪器。使用在这些传感器上应用的技术，必须在一个操作范围内按一个顺序来执行。这种跟踪系统或者是一主多从，或是同步系统。对于单个跟踪器来说，提高计算速度以达到实时性已经很困难，面对多个跟踪器来说就更加困难了。

2.5　快速建模设备

三维扫描仪（3D Handheld Laser Scanner）是目前使用最广泛的快速建模设备，它能根据扫描到的真实事物的外观特征，在计算机中快速建造出该物体的模型。三维扫描仪不是人们市面上见到的有实物扫描能力的平板扫描仪，其结构原理也与传统的扫描仪完全不同，其生成的文件并不是常见的图像文件，而是能够精确描述物体三维结构的一系列坐标数据，输入 3D MAX 中即可完整地还原出物体的 3D 模型，由于只记录物体的外形，因此无彩色和黑白之分。图 2-14 给出了一个人体模型扫描的操作实例及其在 3D Max 中的三维模型效果图。

三维扫描仪有接触式和非接触式、手持和固定、不同精度之分，可按不同应用环境和精度要求来选取。为使用方便，非接触式三维手持激光扫描仪很受一般用户青睐。

利用三维扫描仪进行建模速度快、模型精确，三维扫描仪的使用方便灵活。精确度最高可达 0.004″（约 0.12mm），取点速度可达 20000 points/s（3DD REALSCAN 非接触式镭射扫描系统的参数）。三维扫描仪虽然可以描绘出任何形状、尺寸的模型，但是由于它在扫描

图 2-14 FastSCAN Cobra™手持激光扫描仪的使用和效果

过程中使用了电磁技术，所以对金属及透明物体的处理效果比较差。

2.6 三维跟踪设备

VR 系统的关键技术之一是跟踪技术（Tracing），即对 VR 用户（主要是头部）的位置和方向进行实时的、精确的测量。跟踪需要使用一种专门的装置——跟踪器（Tracer），其性能可以用精度（分辨率）、刷新率、滞后时间及跟踪范围来衡量。VR 系统中用到的跟踪装置的原理主要有磁性、声学和光学三种。

2.6.1 3-D 电磁跟踪器

(1) 交流电磁跟踪器　在范围一定的方位测量应用中，许多系统使用低频磁场的发射与接收来进行定位的原理，最常用的跟踪系统是基于交流电磁场的测量与转换的方法。交流电磁跟踪系统由励磁源、磁接收器和计算模块组成。励磁源是由三个磁场方向相互垂直的由交流电流产生的双极磁源构成，磁接收器由三套分别测试三个励磁源的线圈构成，由于三个磁接收器所测得的三个测试向量包含了足够的信息，因而可以计算出磁接收器相对于励磁源的方位。图 2-15 是其基本系统的方框图。

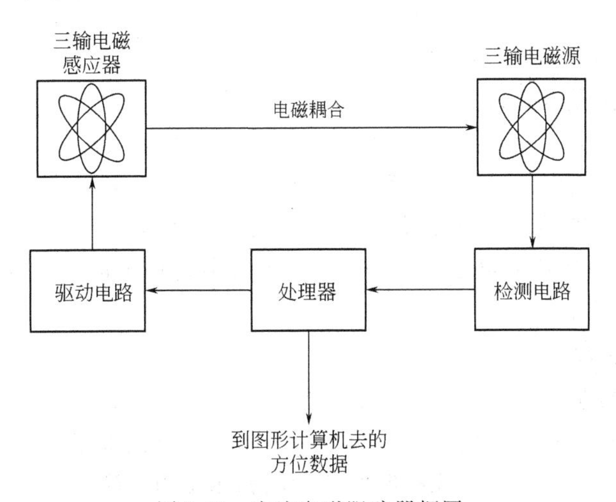

图 2-15　交流电磁跟踪器框图

交流电磁跟踪系统通过求解从励磁源到磁接收器的电磁能量传递的逆过程来实现方位的计算。发射器的励磁源激发信号是由驱动单元电路产生的，其振幅由一个 12 位的乘法模数转换器控制。发射器经常使用自适应控制，以对不同环境条件保持合适的信噪比，发射器通常使用 7～14kHz 的载波对激励波形进行调制，该载波频率的选择是对设计复杂度、敏感性、噪声及励磁源电感之间关系的一个最佳的折中。

励磁源的工作频率通常定在 30～20Hz 之间，这也是由计算性能、反应时间、噪声及可以允许的励磁源的运动等因素决定的。交流电磁跟踪系统的方位求解计算推导过程较为复杂，线圈是磁接收器和励磁源的主要部件。磁接收器和励磁源的线圈都绕在铁芯上，铁芯的磁系数一般选的较高，以增加其敏感性。碰接收器通常被连接到放大与模数转换电路。在那里信号被放大并被解调，然后由 12 位的模数转换器将其数字化。

这样的励磁源和磁接收器的安排会在旋转、增益及非对称时带来一些缺陷，这些缺陷可以用固定值的 3×3 矩阵来描述。每次更换磁接收器都要进行对跟踪器的校正。

(2) 直流电磁跟踪器　交流电磁跟踪系统的缺点是对出现在励磁源和磁接收器系统附近的电子导体（尤其是铁磁物质）非常敏感。交流旋转磁场在铁磁物质中产生涡流，这将导致次磁场的产生。这些磁场能使由交流电磁跟踪器的励磁源产生的场模式发生畸变，这种畸变的场会导致跟踪器计算的位置和方向结果错误。

为减少畸变涡流的影响，人们开发出了一种只在测量周期开始时产生涡流而在系统稳定状态下涡流衰减到零的直流电磁跟踪系统，这就减少了畸变磁场的产生率，同时使跟踪精确得到了大幅提高。在直流电磁跟踪系统中，电流的大小由发生器的发射范围控制，而发射范围是由跟踪其位置的输出决定的，这就进一步确保了跟踪其在较大范围内的高灵敏度。

同交流电磁跟踪系统的构成相似，直流电磁跟踪系统由发射器（相当于励磁源）、接收器（相当于磁接收器）和计算模块组成。直流电磁跟踪系统的发射器由绕立方体芯子正交缠绕的三组线圈组成，它被严格地安装在基准构架上。立方体芯子由磁性可穿透金属组成，可以集中涡流穿过任一组线圈时产生的磁力线。

发射器系统依次向三组发射器线圈输入直流电流，使每一组发射器线圈分别产生一个脉冲调制的直流电磁场。接收器与发射器系统的结构和原理基本相同，小功率的直流电流通过励磁线圈，使圆柱形管在一个周期内达到磁性饱和。这将使直流磁场无扰动地穿过接收器，或者使直流磁场被接收器所吸引。本地直流磁场方向的周期性变化将在三相线圈中产生交变电流，电流的强度与本地直流磁场的可分辨分量成正比。

电磁跟踪器的优点是电磁传感器没有遮挡问题（接收器与发射器之间允许有其他物体），价格低（处理简单，比光学测量便宜），精度适中，采样率高（可达 120 次/秒），工作范围大（可达 $60m^2$），可以用多个磁跟踪器跟踪整个身体的运动，并且增加跟踪运动的范围。缺点是电磁传感器可能因磁场变形引起误差（电子设备和铁磁材料会使磁场变形，直流电磁场可以用补偿法，交流电磁场不可以用补偿法），测量距离加大时误差增加，时间延迟较大（达 33ms），有小的抖动。

2.6.2 超声波跟踪器

超声波跟踪器是根据不同声源的声音到达某一特定地点的时间差、相位差、声压差等来跟踪物体的空间位置的。根据所使用的测量方法不同，超声波跟踪器有两种基本的算法可以实现声音位置跟踪器，分别为声波飞行时间测量法和相位相干测量法。一般使用超音速频率（20kHz 以上），以使发射器发射的声音不被周围的人听到，从而不至于造成环境污染。因此，也常把声音系统叫做超音速系统。

声波飞行时间测量法是通过测量声波的飞行时间来确定距离，通过使用多个发射器和传感器获得一系列的距离数据，再计算出物体的具体位置和方向。这种方法具有较好的精确度和响应性，但容易受到外界噪声的干扰，同时它的数据传输率受声波传播速率的影响，发射波的传播必须在测量开始前完成，只有当波阵面达到传感器时才可得到有意义的数据。另外，这种方法必须允许发射器在产生脉动后发出几毫秒的声脉冲，并且在新的测量开始前等待反射脉冲（回声）消失。所需的时间应乘上发射器-传感器的组合数，因为每一个组合都需要单独的飞行序列。由于时间飞行设备较低的数据传输率，它们在分类误差上存在缺陷。

相位相干测量法则是通过比较基准信号和传感器检测到的信号之间的相位差来确定距离的。由于相位可以被连续测量，所以这种方法具有较高的数据传输率，多次滤波还可以保证系统测量的精度、响应性等，且不易受到外界的干扰。

超声波跟踪器性能适中、重量小、成本低廉，而且不会受到外部磁场和大块金属物质的干扰，但由于空气密度的改变及物体的遮挡等因素，它的跟踪精度不够高。

2.6.3　光学跟踪器

光学跟踪器也是常用的跟踪器之一。光学跟踪系统利用周围的自然光或者由位置跟踪器控制的光源发出的激光或红外线在图像投影平面不同时刻或不同位置上的投影，计算得到被跟踪对象的方位。通常为了使跟踪器不干扰用户的视觉目标位置跟踪器控制的光源以红外光为主。

光学跟踪系统可以被描述为固定的传感器或者图像处理器。实现固定传感器结构的方法有两种：“外-内”或“内-外”。对于“外-内”方式，传感器是固定的，发射器是可移动的，这就意味着传感器“向内注视着”远处运动的目标。对于“内-外”方式，传感器是可移动的，发射器是固定的，这就意味着传感器从远处的运动目标“向外注视”。这种差别可使视觉系统实现不同的重要性能。在小的范围内，长焦镜头比短焦镜头获得的细节信息要多。但是长镜头对着一个较小的观察区域并且缩小了操作范围。与之相反，广角镜头的操作范围较大，但精度降低。对于“内-外”系统，如果在操作范围内使用多个发射器的话，就可实现较高的精度和较大的操作范围。当远处的物体在工作范围内移动时，传感器将一直以足够分辨率看到所需数目的发射器。“外-内”系统不能在多发射器的方法上受益，因为此时传感器的分辨率依赖于远处物体与之的接近程度。

光学跟踪系统虽然工作的范围比较小，但是数据处理速度、响应性非常好，具有较高的精确度。比较适合于头部运动的跟踪。

习题 2

2-1　简述立体成像原理。

2-2　收集有关资料，对两种图像显示器 CRT 和 LCD 作性能指标的比较。

2-3　简述数据手套的工作原理。

2-4　简述光学式运动捕捉的工作原理。

2-5　试比较各类虚拟现实交互设备的优缺点。

3 OpenGL 简介

3.1 OpenGL 概述

OpenGL（Open Graphic Library）是一套开放性图形标准库。它包括 250 个左右的图形函数，用户使用这些函数能方便地制作高质量的三维图形。

OpenGL 是一个与硬件无关的图形软件接口，它没有执行窗口任务或获取用户输入的命令，因此，用户需通过窗口系统来控制 OpenGL 绘制的图形。另外，OpenGL 不提供描述三维物体的高级函数，如绘制汽车、人、飞机等函数。用户只能利用点、线和多边形等几何图元的组合建立期望的模型。

由于 OpenGL 程序与硬件无关，因此，它具有较好的移植性。同时，它还具有网络功能，图形创建和图形显示可以分别在不同的计算机上完成。

3.2 OpenGL 基本功能

OpenGL 作为一个三维图形软件包，提供了以下基本功能。

（1）建模功能　真实世界里的任何物体都可以通过在计算机中用简单的点、线、多边形来描述。OpenGL 提供了丰富的基本图元绘制命令，可以方便地绘制物体。

（2）变换功能　无论多复杂的图形都是由基本图元组成并可以经过一系列变换来实现。OpenGL 提供了一系列基本的变换。如视点变换、模型变换、投影变换和视口变换。

（3）着色　OpenGL 提供了两种物体着色模式：RGBA 模式和颜色索引模式。

（4）光照和材质　绘制有真实感的三维物体必须做光照处理。OpenGL 光源属性有辐射光、环境光、漫反射光和镜面光等。材质是用光发射率来表示。

（5）反走样　在 OpenGL 绘制图形过程中，由于使用的是位图，所以绘制的图像的边缘会出现锯齿形状，称为走样。为消除这种现象，OpenGL 提供了点、线、多边形的反走样技术。

（6）融合　为了使三维图形更加具有真实感，经常需要处理半透明或透明的物体图像，这需要用到融合技术。

（7）雾　OpenGL 提供了“fog”的基本操作来达到对场景进行雾化的效果。

（8）位图和图像　OpenGL 提供了一系列函数实现位图和图像的操作。

（9）纹理映射　在计算机图形学中，把保护颜色、alpha 值、亮度等数据的矩形数组成为纹理。纹理映射是将纹理粘贴在所绘制的三维模型表面，以使三维图形显得生动。

（10）动画　OpenGL 提供了双缓存技术来实现动画绘制。

上面的这些功能将在后面的章节中介绍。学完 OpenGL 基本功能后，可以发现 OpenGL

并没有提供绘制复杂三维模型的高级命令，如飞机、坦克等。因此只能通过基本几何图元组合建立复杂的模型。目前，专业建模软件如 3DMax 可以建立较复杂的模型，把这些模型导入到 OpenGL 应用程序中，可以较方便地实现虚拟现实系统。

3.3 OpenGL 语法规则

所有 OpenGL 的函数都使用前缀“gl”和词首字母大写的单词共同组成函数名（如 glClearColor（）函数）。OpenGL 定义的常量中，都以 GL 开头，且所有字母大写，单词间以下划线分隔。(如 GL-COLOR-BUFFER-BIT)。

在某些函数中有一些不相关的字符，如 glColor3f（）。其中 3 代表给出 3 个参数；f 表示参数为浮点型数值。OpenGL 函数可以接受 8 种不同的数据类型作为它们的参数。如表 3-1所示。

表 3-1 OpenGL 数据类型

缩写符	数据类型	相应的 C 语言类型	OpenGL 类型定义
b	8 位整数	signed char	GLbyte
s	16 位整数	Short	GLshort
i	32 位整数	Long	Glint,GLsizei
f	32 位浮点数	Float	GLfloat,GLclampf
d	64 位浮点数	Double	GLdouble,GLclampd
ub	8 位无符号整数	Unsigned char	GLubyte,GLboolean
us	16 位无符号整数	Unsigned short	GLushort
ui	32 位无符号整数	Unsigned long	GLuint,GLenum,GLbitfield

有一些 OpenGL 函数的最后带有一个字母 v，表示该命令带有的是一个指向数组值的指针参数。

3.4 OpenGL 状态机制

OpenGL 是一个状态机。OpenGL 设置的各种状态可以一直保持，直到改变了这个状态的值。例如，设定了当前颜色为红色，则所有物体的绘制都以此颜色画出，直到用户改变当前颜色设置。颜色仅仅是一种 OpenGL 状态，OpenGL 还有其他许多状态。许多状态变量工作模式可以使用 glEnable（）和 glDisable（）启动和停止。

每一个状态变量或模式都有一个默认值，用户可以在任意位置对系统查询变量的当前值。用户可以使用表 3-2 所列函数查询。

OpenGL 提供的状态变量相当多，程序员一个一个设置非常烦琐。可以通过 glPushAttrib（）和 glPopAttrib（）命令快速存储和恢复用户设置的状态变量值。

表 3-2　OpenGL 状态查询命令

查　询　命　令	说　　明
Void glGetBooleanv()	获得 boolean 类型状态变量
Void glGetDoublev()	获得 Double 类型状态变量
Void glGetFloatv()	获得 Float 类型状态变量
Void glGetIntegerv()	获得 Integer 类型状态变量

3.5　OpenGL 相关函数库

OpenGL 函数库大致分为以下几种。

(1) OpnGL 核心库　函数名前缀为“gl”，共有 115 个不同的函数。这些函数提供了最基本的绘图命令，用来描述几何体形状、进行光照、纹理、雾和反走样处理。

(2) OpenGL 实用函数库　函数名前缀为“glu”，共有 43 个不同的函数。用来管理坐标变换、多边形镶嵌、绘制 NUBRS 曲线、曲面和处理错误。

(3) OpenGL 辅助库　函数名前缀为“aux”，包括 31 个与平台无关的函数，提供了窗口管理和消息响应函数，以及一些简单模型的制作。

(4) OpenGL 工具库　函数名前缀为“glut”，包括 30 个左右的函数。主要提供基于窗口的工具，如多窗口绘制，空消息和定时器，以及绘制较复杂物体的函数。

(5) Windows 专用库　函数名前缀为“wgl”，包括 16 个函数。主要用于连接 OpenGL 和 Windows 的应用，这些函数用来管理显示列表，字体位图，绘图描述表。

(6) 对 X-Windows 系统扩展的函数库　前缀为“glx”，主要针对 X-Windows。

开发 OpenGL 应用程序，主要用到上述库的三部分。

(1) 函数说明文件　包括：gl. h，glu. h，glut. h，glaux. h。这些文件一般放在 VC98/include/GL 目录下。

(2) 静态链接库文件　包括：glu32. lib，glut32. lib，glaux. lib，opengl32. lib。这些文件一般放在 VC98/Lib 目录下。

(3) 动态链接库文件　glu. dll，glu32. dll，glut. dll，glut32. dll，opengl32. dll。这些文件放在 Windows/system 目录下。

3.6　GLUT 工具介绍

由于 OpenGL 是独立于任何窗口系统或操作系统而设计出来的，因此，OpenGL 不包括用来打开窗口以及键盘或鼠标读取事件。但完整的图形程序，必须打开一个窗口，否则无法进行任何操作。GLUT 库正是用来进行这些操作的补充。下面简单介绍 GLUT 库函数。

(1) 窗口管理　为了初始化一个窗口，需调用 5 个函数完成必要的任务。

① glutInit (int argc，char* argv) 函数：用来初始化 GLUT 和处理任意的命令行变量。

② glutInitDisplayMode(unsigned int mode) 函数：指定显示模式，是 RGBA 模式或颜色索引模式；指定单缓存还是双缓存；指定是否有深度缓存。例如：如果希望有一个带有双缓存、RGBA 模式和深度缓存的窗口，可以使用函数 glutInitDisplayMode（GLUT _ DOUBLE | GLUT _ RGB | GLUT _ DEPTH)。

③ glutInitWindowPosition(int x，int y) 函数：指定窗口左上角应该放置在屏幕上的位置，以像素为单位，同时认为屏幕左上角为起始点。

④ glutInitWindowSize(int Width，int size) 函数：指定窗口以像素为单位的尺寸。

⑤ glutCreateWindow(char* string) 函数：创建一个具有 OpenGL 场景的窗口。String 为窗口标识符。

（2）显示回调函数

glutDispalyFunc(void* func) 函数：它是一个事件回调函数，所有需要绘制的场景的子函数都放在此显示回调函数中。

如果程序改变了窗口的内容，必须调用 glutPostRedisplay(void) 函数，该函数给 glut-MainLoop() 函数一个提示，下次调用注册的显示回调函数。

（3）运行程序

glutMainLoop() 函数：显示所有已经创建的窗口，并对这些窗口渲染。一旦进入该循环，不会退出。

（4）处理输入事件　程序员可以利用下列函数来注册回调函数，这些回调函数在指定事件发生时加以激活。glutReshapeFunc(void* func(int w,int h))函数，表示窗口尺寸改变时，应该执行的动作。glutKeyboardFunc(void* func(unsigned char key,int x,int y))函数和 glutMouseFunc(void* func(int button,int state,int x,int y))函数，响应键盘和鼠标事件。

GlutMotionFunc(void* func(int x,int y))注册了一个回调子函数，当按下鼠标移动时，调用该函数。

（5）管理后台进程　程序员可以调用 glutIdleFunc（void* func）函数，在没有其他事件需要处理时，执行这个函数。

（6）绘制三维物体　程序员可以绘制一些三维物体，如下。

① Void glutWireCube(GLdouble size)：绘制线框立方体。

② Void glutSolidCube(GLdouble size)：绘制实立方体。

③ Void glutWireSphere(GLdouble radius，Glint slices，Glint stacks)：绘制线框球。

④ Void glutSolidSphere(GLdouble radius，Glint slices，Glint stacks)：绘制实球。

3.7 创建 OpenGL 程序

3.7.1 创建 OpenGL 控制台应用程序

在 VC＋＋6.0 开发环境下，创建一个 OpenGL 控制台应用程序的主要步骤如下。

① 创建一个新工程，选择 Win32 Console Application，如图 3-1 所示。

② 选择 an empty project；如图 3-2 所示。

③ 在工程下，新建一个 C＋＋文件。

④ 添加包含文件和库文件路径，在 toos/options/directory 中，如图 3-3 所示。

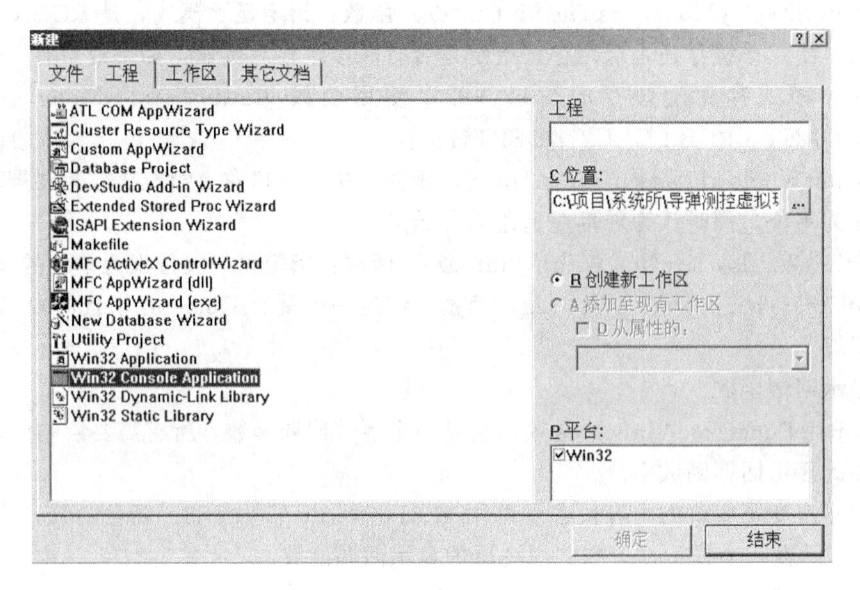

图 3-1　创建新工程

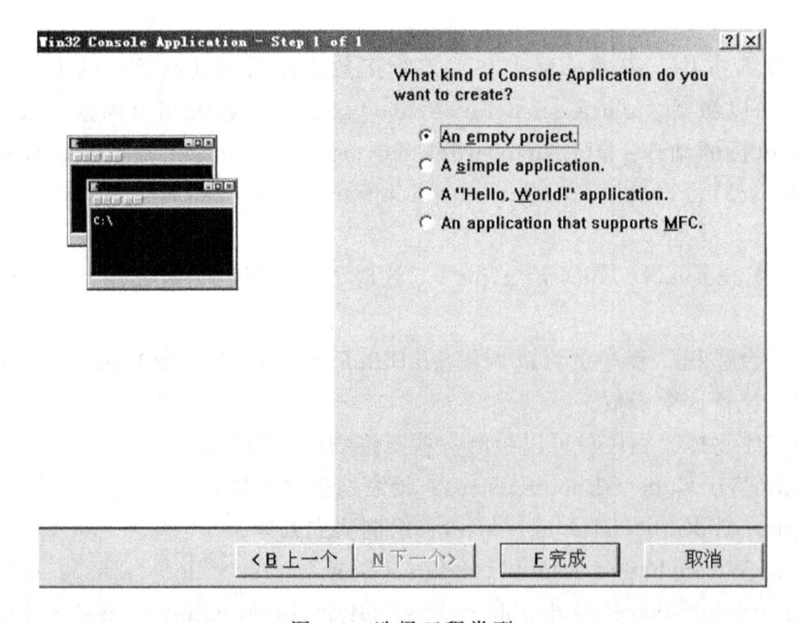

图 3-2　选择工程类型

⑤ 添加 OpenGL 库，在 library 中加入：opengl32. lib，glu32. lib，glaux. lib，如图 3-4 所示。

⑥ 加入具体代码，如下所示。

```
#include<gl/glut.h>
#include<stdlib.h>

void display(void)
{
```

图 3-3　添加库路径

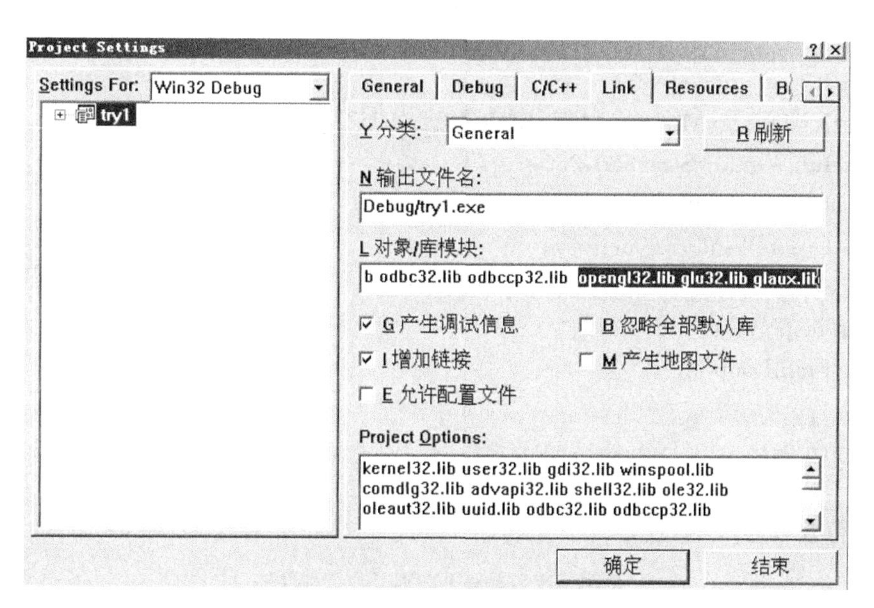

图 3-4　添加 OpenGL 库

```
    glClear(GL_COLOR_BUFFER_BIT);
    glColor3f(1.0,0.0,0.0);   //设置颜色


    glRectf(0.25,0.25,0.75,0.75);
/*
    glBegin(GL_POLYGON);
        glVertex3f(0.25,0.25,0.0);
        glVertex3f(0.75,0.25,0.0);
        glVertex3f(0.75,0.75,0.0);
        glVertex3f(0.25,0.75,0.0);
```

```
    glEnd();
*/
    glFlush();

}

void init(void)
{
    glClearColor(0.0,0.0,1.0,0.0);  //设置背景色
    glMatrixMode(GL_PROJECTION);
    glLoadIdentity();
    glOrtho(0.0,1.0,0.0,1.0,-1.0,1.0);
}

int main(int argc,char** argv)
{
    glutInit(&argc,argv);
    glutInitDisplayMode(GLUT_SINGLE|GLUT_RGB);
    glutInitWindowSize(250,250);
    glutInitWindowPosition(100,100);
    glutCreateWindow("hello");
    init();
    glutDisplayFunc(display);
    glutMainLoop();

    return 0;
}
```

程序运行效果如图 3-5 所示。

图 3-5 OpenGL 控制台应用程序执行效果

注意：如果使用 glut 库，就不需要加入 gl，glu，glaux 库，因为 glut 库已包含它们。

3.7.2 创建 MFC 环境下 OpenGL 单文档应用程序

在 Visual C++6.0 开发环境下，使用 MFC 创建的 OpenGL 应用程序包括基于对话框的应用程序，基于单文档的应用程序和基于多文档的应用程序。下面介绍 MFC 环境下创建一个基于单文档的 OpenGL 应用程序的主要步骤。

① 创建一个新工程，选择“MFC AppWiazards”，新建一个基于单文档的工程 Anti-Line。

② 添加 OpenGL 库，在 project/setting/link 的对象库模块中加入“opengl32. lib，glu32. lib，glaux. lib”，如图 3-3 所示。

③ 添加消息响应函数。在 CAntiLineView 类中添加消息 WM _ CREATE，WM _ DE-STROY，WM _ SIZE 函数。

④ 添加库文件头文件。在 stdafx. h 中添加：

```
#include "gl/gl. h"
#include "gl/glu. h"
#include "gl/glaux. h"
```

⑤ 在 CAntiLineView 类中添加如下成员变量和成员函数：

```
void DrawScene(void);
BOOL bSetupPixelFormat(void);
void Init(void);
CClientDC* m_pDC;
```

⑥ 修改:: PreCreateWindow ()

设置窗口类型：

```
cs. style |=WS_CLIPSIBLINGS|WS_CLIPCHILDREN;
```

⑦ 修改:: OnDraw()

```
DrawScene();
```

⑧ 修改 OnDestroy()

```
    HGLRC hrc;
//  KillTimer(1);
    hrc=::wglGetCurrentContext();
    ::wglMakeCurrent(NULL,NULL);
    if(hrc)
        ::wglDeleteContext(hrc);


    if(m_pDC)
        delete m_pDC;
```

⑨ 修改 OnCreate()

```
Init();
```

⑩ 修改 OnSize()

```
int w=cx;
int h=cy;
```

```
    if(h==0)h=1;
    glViewport(0,0,w,h);
    glMatrixMode(GL_PROJECTION);
    glLoadIdentity();
    gluPerspective(45.0,(GLfloat)w/(GLfloat)h,3.0,5.0);
    glMatrixMode(GL_MODELVIEW);
    glLoadIdentity();
```

⑪ 初始化 OpenGL:Init()

```
    PIXELFORMATDESCRIPTOR pfd;
    int n;
    HGLRC     hrc;
    m_pDC=new CClientDC(this);
    ASSERT(m_pDC! =NULL);

    if(! bSetupPixelFormat())
        return;

    n=::GetPixelFormat(m_pDC->GetSafeHdc());
    ::DescribePixelFormat(m_pDC->GetSafeHdc(),n,sizeof(pfd),&pfd);

//    CreateRGBPalette();

    hrc=wglCreateContext(m_pDC->GetSafeHdc());
    wglMakeCurrent(m_pDC->GetSafeHdc(),hrc);

    glEnable(GL_LINE_SMOOTH);
    glEnable(GL_BLEND);
    glBlendFunc(GL_SRC_ALPHA,GL_ONE_MINUS_SRC_ALPHA);
    glLineWidth(5.0);
    glShadeModel(GL_FLAT);
    glClearColor(0.0,0.0,0.0,0.0);
    glDepthFunc(GL_LESS);
    glEnable(GL_DEPTH_TEST);
```

⑫ 设置像素格式

```
BOOL CAntilineView::bSetupPixelFormat()
{
        static PIXELFORMATDESCRIPTOR pfd=
    {
        sizeof(PIXELFORMATDESCRIPTOR),      // size of this pfd
        1,                                  // version number
```

```
        PFD_DRAW_TO_WINDOW |                    // support window
        PFD_SUPPORT_OPENGL |                   // support OpenGL
        PFD_DOUBLEBUFFER,                      // double buffered
        PFD_TYPE_RGBA,                         // RGBA type
        24,                                   // 24-bit color depth
        0,0,0,0,0,0,                      // color bits ignored
        0,                                     // no alpha buffer
        0,                                     // shift bit ignored
        0,                                     // no accumulation buffer
        0,0,0,0,                           // accumulation bits ignored
        32,                                   // 32-bit z-buffer
        0,                                     // no stencil buffer
        0,                                     // no auxiliary buffer
        PFD_MAIN_PLANE,                           // main layer
        0,                                     // reserved
        0,0,0                               // layer masks ignored
      };

    int pixelformat;
    if((pixelformat=ChoosePixelFormat(m_pDC->GetSafeHdc(),&pfd))==0)
    {
        MessageBox("choosepixelformated failed");
        return false;
    }

    if(SetPixelFormat(m_pDC->GetSafeHdc(),pixelformat,&pfd)==FALSE)
    {
        MessageBox("SetPixelFormat failed");
        return false;
    }
    return true;
}
```

⑬ 场景渲染

```
void CAntilineView::DrawScene()
{
    glClear(GL_COLOR_BUFFER_BIT|GL_DEPTH_BUFFER_BIT);
    glColor4f(0.0,0.6,1.0,1.0);
    auxWireOctahedron(1.0);

    glFinish();
```

```
    SwapBuffers(wglGetCurrentDC());
}
```

运行结果如图 3-6 所示。

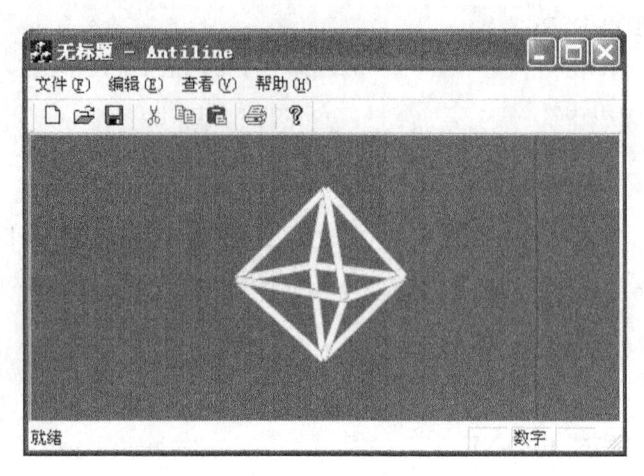

图 3-6 MFC 下 OpenGL 运行效果

习题 3

3-1 什么是 OpenGL？它的基本功能有哪些？

3-2 OpenGL 的函数库有哪几种？

3-3 GLUT 工具的作用是什么？

3-4 创建一个 OpenGL 控制台应用程序，仿照例题画出一个三角形。

4 绘制几何物体

4.1 图形显示控制命令

4.1.1 清空窗口

在计算机上绘制新的场景时，常常需要事前选定某种背景颜色。例如，希望绘制文本场景，一般选定背景颜色为白色；希望绘制宇宙场景，选定的背景颜色为黑色。由于计算机图画的显示内存常常被最后画出的那幅图所占据，因此，在开始画一个新的场景时，常常需要用某种颜色清空显示缓冲区。

设置清除缓冲区的函数原型如下。

Void glClear (GLbitfield mask)；

功能：用预先设定的值清除缓冲区。

参数说明：mask 指定被刷新的缓冲区，定义如表 4-1 所示。

表 4-1 mask 含义

Mask	含义
GL_COLOR_BUFFER_BIT	表示颜色缓冲区
GL_DEPTH_BUFFER_BIT	表示深度缓冲区
GL_ACCUM_BUFFER_BIT	表示累积缓冲区
GL_STENCIL_BUFFER_BIT	表示模板缓冲区

一般情况下，在清除缓冲区前，必须设定清除值，这些值由函数 glClearColor ()，glClearIndex ()，glClearDepth ()，glClearStencil () 和 glClearAccum () 选定。

设置颜色缓冲区清除值的函数原型如下。

Void glClearColor (GLclamof red，GLclamof green，GLclamof blue，GLclamof alpha)；

功能：指定颜色缓冲区的清除值。

参数说明：red，green，blue，alpha 为采用 RGBA 颜色模式下的值，取值范围 [0，1]。

下面的程序代码把一个 RGBA 模式窗口清为黑色：

```
glClearColor(0.0,0.0,0.0,0.0)；//设置清屏颜色为黑色
glClear(GL_COLOR_BUFFER_BIT)；//清除颜色缓冲区
```

下面的程序代码清除深度缓冲区：

```
glClearDepth(0.0)；//设置清除深度缓冲区的值
glClear(GL_DEPTH_BUFFER_BIT)；//清除深度缓冲区
```

如果需要同时清空颜色缓存和深度缓存，只要用到如下几行代码：

```
glClearColor(0.0,0.0,0.0,0.0);//设置清屏颜色为黑色
glClearDepth(0.0);//设置清除深度缓冲区的值
glClear(GL_COLOR_BUFFER_BIT|GL_DEPTH_BUFFER_BIT);
```

4.1.2 指定颜色

在 OpenGL 中，物体的形状描述与物体的颜色描述是相互独立的。绘制物体都使用当前指定的着色方案。不改变着色方案，绘制物体的颜色也不变。

设置颜色的函数原型如下。

```
Void  glColor3f(TYPE red,TYPE green,TYPE blue);
```

功能：设置当前的绘图颜色。

参数说明：red，green，blue 指定当前颜色的 RGB 值，取值范围在 [0，1]。

以下为 8 种颜色设置值：

```
glColor3f(0.0,0.0,0.0);黑色
glColor3f(1.0,0.0,0.0);红色
glColor3f(0.0,1.0,0.0);绿色
glColor3f(1.0,1.0,0.0);黄色
glColor3f(0.0,0.0,1.0);蓝色
glColor3f(1.0,0.0,1.0);洋红色
glColor3f(0.0,1.0,1.0);蓝绿色
glColor3f(1.0,1.0,1.0);白色
```

下面的程序代码绘制一条红线：

```
glColor3f(1.0,0.0,0.0);//设置清除深度缓冲区的值
glBegin(GL_LINES);
glVertex3f(-1.0,0.0,0.0);
glVertex3f(1.0,0.0,0.0);
glEnd();
```

4.1.3 强制绘图完成

（1）void glFlush（void） 根据 OpenGL 渲染流程可知，图形绘制如同一条装配线，不同的硬件执行不同的功能。CPU 发出绘图命令，其他硬件实现坐标变换、裁剪、纹理操作等功能。CPU 无需等待本次绘图命令全部完成后才继续下一次绘图。

另外，应用程序可能运行在几台机器上，当绘制与显示不在同一台机器上时，容易出现网络堵塞而无法看到完整图画的情况。

为此，OpenGL 提供了函数 glFlush ()。该命令用于在有限时间内强制执行 OpenGL 命令，而不考虑缓冲区是否已满，一般建议每一帧画面结束时调用 glFlush () 命令。

（2）void glFinish（void） 如果 glFlush () 函数不能满足要求，可以试用 glFinish() 函数。该命令强制前面发送的所有 OpenGL 命令完成。直到前面命令的所有效果都得到完全实现后才返回。

由于 glFinish () 函数需要进行双向通信，所以过多的使用此命令会降低应用程序的性能。

4.1.4 消隐

在三维空间中，一个物体被其他不透明物体所遮挡的部分是随着观测方位、观测角度以及物体间的相对运动不断变换的。正确处理物体间遮挡部分的操作称为消隐。在 OpenGL 中，消隐操作是由深度 buffer(Z-buffer) 实现的，深度 buffer 为窗口的每个点保留一个深度值，这个深度值记录了视点到占有该像素目标的垂直距离，然后根据组成物体像素点的不同深度值，决定该点是否需要显示到屏幕上。

设置深度缓冲区清除值的函数原型如下。

Void glClearDepth(GLclampd depth);

功能：指定深度缓冲区的清除值。

参数说明：depth 为深度值。

在实际操作中，进行消隐要先启动深度测试。即调用函数 glEnable(GL _ DEPTH _ TEST)；取消消隐调用函数 glDisable (GL _ DEPTH _ TEST)。

在特殊情况下，深度比较可使用函数实现。

Void glDepthFunc(GLenum func);

功能：指定用于深度缓冲比较的值。

参数说明：func 定义如表 4-2 所示。

表 4-2 func 含义

Func	含 义
GL_NEVER	输入深度值不接受
GL_LESS	输入深度值小于已有深度值,接受
GL_EQUAL	输入深度值等于已有深度值,接受
GL_LEQUAL	输入深度值小于或等于已有深度值,接受
GL_GREATER	输入深度值大于已有深度值,接受
GL_NOTEQUAL	输入深度值不等于已有深度值,接受
GL_GEQUAL	输入深度值大于或等于已有深度值,接受
GL_ALWAYS	输入深度值总被接受

在缺省情况下，深度测试关闭。如果深度测试关闭，则深度缓冲区不被更新。

4.1.5 构造图形

(1) 定义顶点　在 OpenGL 中，所有的几何物体最终都要描述成一个顶点的有序集合。程序员可以用 glVertex* () 函数来定义一个顶点。函数原型如下。

Void glVertex{234}{sifd}[v];

功能：指定一个顶点。

参数说明：{234} 指定顶点的维数，2 为二维，3 为三维，4 为四维；{sifd} 指定点的数据类型，s 为短整型精度，i 为整型精度，f 为浮点精度，d 为双精度；[v] 是可选的数组指针。二元数组中包含的元素是 x 和 y；三元数组中包含的元素是 x，y 和 z；四元数组中包含的元素是 x，y，z 和 w。

定义顶点的例子。

glVertex2s(2,3);//表示一个三维坐标为(2,3,0)的顶点

glVertex3f(1.0,2.1,3.5);//表示一个三维坐标为(1.0,2.1,3.5)的顶点

(2) 构造图元及其限制　在 OpenGL 中，绘制点、线或多边形，必须使用一个函数对 glBegin() 和 glEnd()。程序结构如下。

```
glBegin(mode);
......//描述一组顶点,用于构建几何图元
glEnd();
```

其中，glBegin 描述了一个顶点序列的开始。该函数的原型如下。

Void　glBegin(GLenum mode);

功能：指定一组相似图元的顶点。

参数说明：mode 指明待创建的几何对象的类型，定义如表 4-3 所示。

表 4-3　基本几何对象类型

Mode	含　义	Mode	含　义
GL_POINTS	单个点	GL_TRIANGLES_STRIP	相连的三角形
GL_LINES	每对顶点组成线段	GL_TRIANGLES_FAN	三角形扇
GL_LINE_STRIP	折线(不闭合)	GL_QUADS	每 4 个顶点组成一个四边形
GL_LINE_LOOP	闭合线	GL_QUADS_STRIP	相连的四边形
GL_TRIANGLES	每 3 个顶点组成一个三角形	GL_POLYGON	凸多边形

Void　glEnd(void);

功能：标志该顶点序列操作的结束。

在函数对 glBegin() 和 glEnd() 之间可以调用的函数如表 4-4 所示。

表 4-4　可以在 glBegin() 和 glEnd() 之间调用的函数

函　数	含　义	函　数	含　义
glVertex	设置顶点坐标	glCallList,glCallLists	执行显示列表
glColor	设置当前颜色	glTexCoord	设置纹理坐标
glIndex	设置当前调色板索引	glEdgeFlag	标志边缘是否为边界
glNormal	设置当前法向量	glMaterial	设置材质属性
glEvalCoord	生成一维或二维坐标		

4.2　绘制点、线和多边形

4.2.1　点、线和多边形的定义

(1) 点　一般情况下，三维空间上的点以（x，y，z）坐标值表示。当用户只定义（x，y）时，OpenGL 会自动将 z 轴坐标赋值 0。OpenGL 运用三维投影坐标系进行计算时，x，y，z 三者是均匀等比例的，因此在内部计算时，点用（x，y，z，w）表示，如果 w 不为 0，则该坐标对应于欧氏三维点（x/w，y/w，z/w）。在 OpenGL 命令中可以定义 w 坐标，如果没有指定 w 坐标，默认值为 1.0。

(2) 线　在 OpenGL 中线指的是线段，不是数学意义上的直线。选段用成对的端点

描述。

（3）多边形　多边形是指由线段组成的单个闭合回路组成的区域。如图 4-1 所示，在 OpenGL 中描述多边形有两点限制。

① 多边形的边不允许相交，即确保多边形为简单多边形；

② 多边形必须是凸多边形，即任意非相邻的两点连线位于多边形的内部。

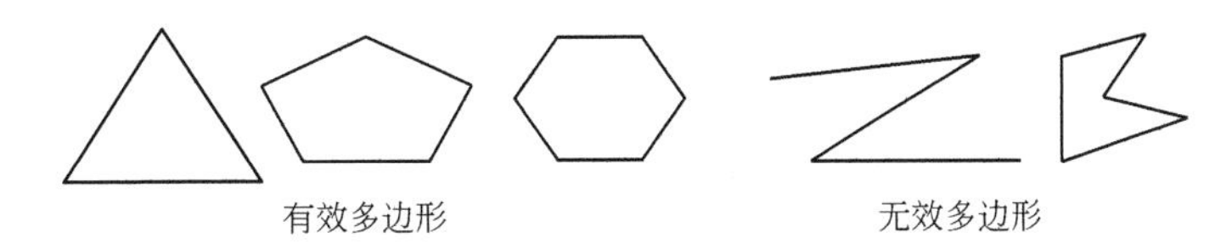

图 4-1　有效多边形和无效多变形

（4）矩形　由于矩形在图形应用中非常普遍，因此，OpenGL 提供了填充矩形的绘制函数 glRect*()。函数原型如下。

```
Void  glRect{sifd}(TYPE x1,TYPE y1,TYPE x2,TYPE y2);
Void  glRect{sifd}v(TYPE* v1,TYPE* v2)
```

矩形的左上、右下角坐标分别为（$x1$，$y1$）和（$x2$，$y2$）；或者用数组指针 v1，v2 表示。上述函数描述的矩形位于 $z=0$ 平面内。

（5）曲线和曲面　所有的光滑曲线和曲面都可以由短线段和小多边形区域以任意的精度进行逼近。

4.2.2 点的绘制

在 OpenGL 中，绘制点主要注意以下几个方面。

（1）基本图元选择　在 glBegin() 函数中的参数选择 GL_POINTS。

（2）确定顶点坐标　使用 glVertex*() 函数。

（3）设定点的大小　使用 glPointSize() 函数。函数原型如下。

```
Void  glPointSize(GLfloat size)
```

该函数设定渲染点的像素宽度；参数 size 必须大于 0.0；其默认值为 1.0。

对于不同大小的点，屏幕上实际画出的像素集合，依赖于是否激活了反走样操作。反走样操作是用来平滑直线和点的渲染技术。用函数 glEnable(GL_POINT_SMOOTH) 和 glDisable(GL_POINT_SMOOTH) 来启动和关闭反走样操作。默认情况下，点的反走样操作是关闭的，此时点的大小宽度将经取舍化整，然后画出像素在屏幕上的方形排列区域。因此，如果宽度为 1.0，此方形为 1×1 像素；如果宽度为 2.0，此方形为 2×2 像素。

如果启动了反走样操作，将以圆形排列画出一组像素，并把边界上的像素画得暗一些，这样边缘显得较为光滑。

【例 4-1】 不同大小的点。

```
void renderScene(void)
{
glClear(GL_COLOR_BUFFER_BIT);

glColor3f(1.0f,1.0f,1.0f);
glPointSize(1.0f);
```

```
for(int i=0;i<10;i++)
{
    glBegin(GL_POINTS);
        glVertex3f(20.0f+i*30.0f,50.0f,0.0f);
    glEnd();
}

glColor3f(0.0f,1.0f,0.0f);
glPointSize(3.0f);
for(i=0;i<10;i++)
{
    glBegin(GL_POINTS);
        glVertex3f(20.0f+i*30.0f,30.0f,0.0f);
    glEnd();
}
glColor3f(0.0f,0.0f,1.0f);
glPointSize(5.0f);
for(i=0;i<10;i++)
{
    glBegin(GL_POINTS);
        glVertex3f(20.0f+i*30.0f,10.0f,0.0f);
    glEnd();
}
glutSwapBuffers();
}
```

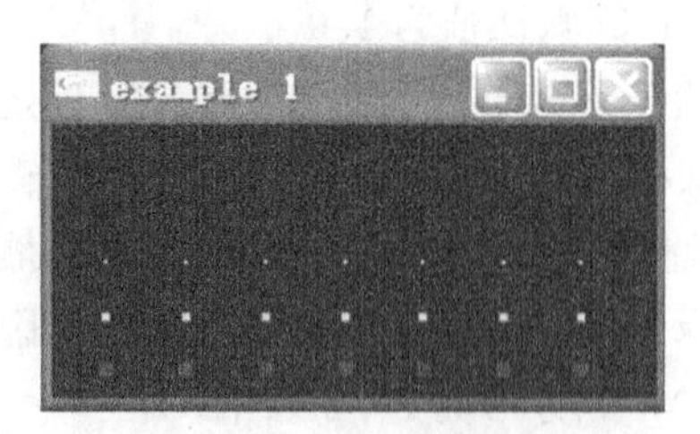

图 4-2 不同点的绘制方式

程序运行效果如图 4-2 所示。

4.2.3 线的绘制

在 OpenGL 中，绘制线需要考虑线的类型、线的宽度、线的形式以及线的颜色。

(1) 线的类型　线的类型包括三种。

① 线段。它是由空间上两个点决定的一条直线，glBegin() 函数中 mode 为 GL_LINES。

② 折线。它是由空间上一系列点决定的。第一个点的坐标是第一条线段的起点坐标，第二个点的坐标是第一条线段的终点坐标也是第二条线段的起点坐标，依次类推。glBegin() 函数中 mode 为 GL_LINE_STRIP。

③ 闭合线。闭合线与折线相似，只是最后一个点自动与第一个点相连。glBegin() 函数中 mode 为 GL_LINE_LOOP。

(2) 线的宽度　设定线宽利用函数：

Void　glLineWidth(GLfloat width)

该函数设定线的像素宽度；参数 width 必须大于 0.0；其默认值为 1.0。

实际中线的渲染受到反走样模式的影响，这与点的渲染相同。在没有反走样操作的情况下，如果宽度为 1，2，3，则分别以 1，2，3 个像素宽度画线。在启动反走样操作情况下，有可能出现非整型的线宽，而且边缘处的像素点常常被部分填充。

(3) 设定线形　线的画法可以是点画线、虚线以及自定义形状。设定线形利用函数：

Void　glLineStipple(Glint factor,GLushort pattern)

该函数设定线的点画模式。参数 factor 为 pattern 的扩展倍数，factor 的值限制在 1～256 之间。参数 pattern 是一个 16 位二进制数。在这个二进制模板中，0 表示不画点，1 表示画点。

在一般情况下，如果要绘制点画线，首先必须使用 glLineStipple() 函数定义画线模式，然后用 glEnable() 使该模式生效。例如：

```
glLineStipple(1,0x3f07);
glEnable(GL_LINE_STIPPLE);
```

【例 4-2】 绘制点画线。

```
void renderScene(void)
{
//clear the window using erase color(white)
glClear(GL_COLOR_BUFFER_BIT);

glColor3f(1.0f,0.0f,0.0f);
glLineWidth(3.0f);
glLineStipple(1,0xffff);
glBegin(GL_LINES);
    glVertex3f(100.0f,400.0f,0.0f);
    glVertex3f(400.0f,400.0f,0.0f);
glEnd();

glColor3f(0.0f,1.0f,0.0f);
glLineWidth(5.0f);
glLineStipple(1.0f,0x3f07);
glBegin(GL_LINE_STRIP);
    glVertex3f(100.0f,300.0f,0.0f);
    glVertex3f(150.0f,350.0f,0.0f);
    glVertex3f(250.0f,320.0f,0.0f);
    glVertex3f(300.0f,260.0f,0.0f);
    glVertex3f(400.0f,300.0f,0.0f);
glEnd();

glColor3f(0.0f,0.0f,1.0f);
glLineWidth(7.0f);
glLineStipple(2.0f,0x3f07);
```

```
glBegin(GL_LINE_LOOP);
    glVertex3f(100.0f,200.0f,0.0f);
    glVertex3f(150.0f,250.0f,0.0f);
    glVertex3f(250.0f,220.0f,0.0f);
    glVertex3f(300.0f,160.0f,0.0f);
    glVertex3f(400.0f,200.0f,0.0f);
glEnd();

glutSwapBuffers();
}
```

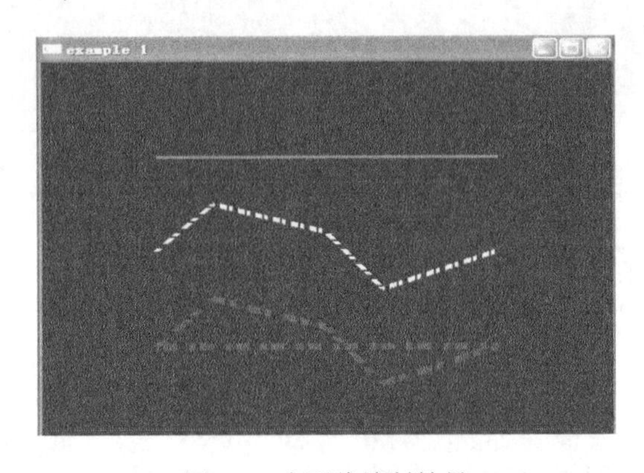

图 4-3 点画线绘制效果

程序运行效果如图 4-3 所示。

4.2.4 多边形的绘制

(1) 多边形类型选择 在 OpenGL 中，多边形的绘制分为三角形、相连三角形、扇形三角形、四边形、相连四边形和多边形 6 种。绘制多边形时，首先要选择绘制的类型。它通过 glBegin() 函数中的 mode 取值决定。

① 三角形：mode 值为 GL_TRIANGLES。一个三角形是由 3 个顶点定义，顶点的排列顺序可以是逆时针，也可以是顺时针。

② 相连三角形：mode 值为 GL_TRIANGLES_STRIP。它由若干相邻的三角形构成，每个三角形至少有一条边与其他三角形共用，第一个三角形的顶点顺序决定其他三角形的顶点顺序。

③ 扇形三角形：mode 值为 GL_TRIANGLES_FAN。它由若干三角形按扇形方式排列构成，第一个三角形的顶点顺序决定其他三角形的顶点顺序。

④ 四边形：mode 值为 GL_QUADS。一个四边形是由 4 个顶点定义，顶点的排列顺序可以是逆时针，也可以是顺时针。

⑤ 相连四边形：mode 值为 GL_QUAD_STRIP。它由若干相邻的四边形构成，每个四边形至少有一条边与其他四边形共用，第一个四边形的顶点顺序决定其他四边形的顶点顺序。

⑥ 多边形：mode 值为 GL_POLYGON。一个多边形是由多个顶点定义，顶点的排列顺序可以是逆时针，也可以是顺时针。

(2) 多边形绘制方式选择 每个多边形都有正反两个面，观测不同的面会出现不同的效果。默认情况下，正面和反面都以同样的方式画出。可以通过函数 glPolygonMode() 控制多边形绘制方式。

```
Void  glPolygonMode(Glenum face,GLenum mode)
```

该函数控制多边形绘制方式是正面还是反面。参数 face 可取 GL_FRONT_AND_BACK，GL_FRONT 或 GL_BACK；参数 mode 可取 GL_POINT，GL_LINE 或 GL_FILL 来表示多边形是以点、轮廓还是填充的形式画出。默认情况下，正面和反面都以填充的方式画出。

例如：画一多边形，按填充模式绘制正面，按轮廓线绘制反面。主要程序代码如下。

```
glPolygonMode(GL_FRONT,GL_FILL);
glPolygonMode(GL_BACK,GL_LINE);
```

（3）多边形填充方式选择　默认情况下，填充多边形是以实体模式画出的，也可通过设置填充模式绘制。

Void　glPolygonStipple(Glubyte* mask)

该函数用于设置多边形的填充图案。参数 mask 为一个指向 32×32 位图的指针，与 glLineStipple() 类似，0 表示不画点，1 表示画点。填充功能的启动与关闭使用 glEnable() 和 glDisable() 函数。参数为 GL _ POLYGON _ STIPPLE。

（4）多边形正面选择　按惯例，顶点以逆时针顺序绘制的多边形面是多边形的正面。但用户也可以通过 glFrontFace () 函数，选择多边形正面的顶点方向。

Void　glFrontFace(Glenum mode)

该函数用于指定多边形正面的方向。参数 mode 可以为 GL _ CCW 和 GL _ CW。GL _ CCW 是缺省状态，它对应于窗口坐标系下，多边形的顶点按逆时针方向出现的面为多边形的正面。GL _ CW 指定所绘制的多边形的顶点按顺时针方向排列的面是多边形的正面。

（5）多边形面的拣选　对一个封闭的多边形，如果观测者在外部，多边形的正面总是遮挡住多边形的反面，因此反面是不可见的，可以通过 glCullFace() 函数舍弃该面。同样，如果观测者在多边形内部，则反面是可见的，正面不可见，也可利用 glCullFace() 函数舍弃正面。函数原型如下。

Void　glCullFace(Glenum mode)

该函数指定多边形被拣选的面。参数 mode 可以为 GL _ FRONT，GL _ BACK 和 GL _ FRONT _ AND _ BACK。缺省值为 GL _ BACK。

在一般情况下，拣选操作是关闭的，需使用 glEnable(GL _ CULL _ FACE) 函数启动该操作，使用 glDisable(GL _ CULL _ FACE) 函数关闭该操作。

下面的程序代码指定多边形的反面被拣选，并启动拣选操作。

```
glCullFace(GL_BACK);
glEnable(GL_CULL_FACE);
```

（6）绘制非凸多边形

① gluBeginPolygon()/gluEndPolygon()

② 多边形的三角分解

【例 4-3】 多边形点画模式的使用。

```
#include <windows.h>
#include <gl\glut.h>

void renderScene(void)
{
    GLubyte fly[] = {
        0x00,0x00,0x00,0x00,0x00,0x00,0x00,0x00,
```

```
    0x03,0x80,0x01,0x0c,0x06,0xc0,0x03,0x06,
    0x04,0x06,0x06,0x20,0x04,0x30,0x0c,0x20,
    0x04,0x18,0x18,0x20,0x04,0x0c,0x30,0x20,
    0x04,0x06,0x60,0x20,0x44,0x03,0xc0,0x22,
    0x44,0x01,0x80,0x22,0x44,0x01,0x80,0x22,
    0x44,0x01,0x80,0x22,0x44,0x01,0x80,0x22,
    0x44,0x01,0x80,0x22,0x33,0x01,0x80,0x22,
    0x66,0x01,0x80,0x22,0x33,0x01,0x80,0xcc,
    0x19,0x81,0x81,0x98,0x0c,0xc1,0x83,0x30,
    0x07,0xe1,0x87,0xe0,0x03,0x3f,0xfc,0xc0,
    0x03,0x31,0x8c,0xc0,0x03,0x33,0xcc,0xc0,
    0x06,0x64,0x26,0x60,0x0c,0xcc,0x33,0x30,
    0x18,0xcc,0x33,0x18,0x10,0xc4,0x23,0x08,
    0x10,0x63,0xc6,0x08,0x10,0x30,0x0c,0x08,
    0x10,0x18,0x18,0x08,0x10,0x00,0x00,0x08};

GLubyte halftone[] = {
    0xaa,0xaa,0xaa,0xaa,0x55,0x55,0x55,0x55,
    0xaa,0xaa,0xaa,0xaa,0x55,0x55,0x55,0x55,
    0xaa,0xaa,0xaa,0xaa,0x55,0x55,0x55,0x55,
    0xaa,0xaa,0xaa,0xaa,0x55,0x55,0x55,0x55,
    0xaa,0xaa,0xaa,0xaa,0x55,0x55,0x55,0x55,
    0xaa,0xaa,0xaa,0xaa,0x55,0x55,0x55,0x55,
    0xaa,0xaa,0xaa,0xaa,0x55,0x55,0x55,0x55,
    0xaa,0xaa,0xaa,0xaa,0x55,0x55,0x55,0x55,
    0xaa,0xaa,0xaa,0xaa,0x55,0x55,0x55,0x55,
    0xaa,0xaa,0xaa,0xaa,0x55,0x55,0x55,0x55,
    0xaa,0xaa,0xaa,0xaa,0x55,0x55,0x55,0x55,
    0xaa,0xaa,0xaa,0xaa,0x55,0x55,0x55,0x55,
    0xaa,0xaa,0xaa,0xaa,0x55,0x55,0x55,0x55,
    0xaa,0xaa,0xaa,0xaa,0x55,0x55,0x55,0x55,
    0xaa,0xaa,0xaa,0xaa,0x55,0x55,0x55,0x55,
    0xaa,0xaa,0xaa,0xaa,0x55,0x55,0x55,0x55};

glClear(GL_COLOR_BUFFER_BIT);
glColor3f(1.0f,1.0f,1.0f);
glRectf(25.0,25.0,125.0,125.0);
glEnable(GL_POLYGON_STIPPLE);
```

```
    glPolygonStipple(fly);
    glRectf(125.0,25.0,225.0,125.0);
    glPolygonStipple(halftone);
    glRectf(125.0,25.0,325.0,125.0);
    glDisable(GL_POLYGON_STIPPLE);
    glFlush();
}

void init(void)
{
    glClearColor(0.0f,0.0f,0.0f,0.0f);
    glShadeModel(GL_FLAT);
}

void changeSize(int w,int h)
{
    glViewport(0,0,(GLsizei)w,(GLsizei)h);
    glMatrixMode(GL_PROJECTION);
    glLoadIdentity();
    gluOrtho2D(0.0,(GLdouble)w,0.0,(GLdouble)h);
    glMatrixMode(GL_MODELVIEW);
    glLoadIdentity();
}

int main(int argc,char ** argv)
{
    glutInit(&argc,argv);
    glutInitDisplayMode(GLUT_SINGLE | GLUT_RGB);
    glutInitWindowSize(350,150);
    glutCreateWindow("example 1");
    init();
    glutDisplayFunc(renderScene);
    glutReshapeFunc(changeSize);
    glutMainLoop();

    return 0;
}
```

程序运行效果如图 4-4 所示。

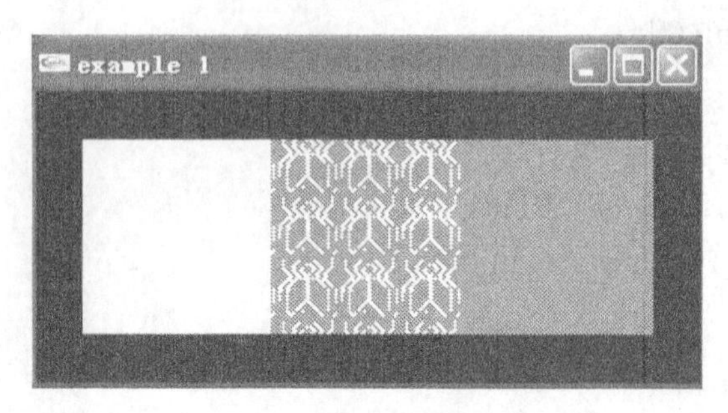

图 4-4　点画多边形

4.3　绘制规则三维物体函数

在 OpenGL 的辅助库 glaux 中，提供了 11 种基本几何图形的绘制函数，每一种图形又包括实体和线框体两部分。具体如下。

（1）球体

◆ Void　auxWireSphere(GLdouble radius)；

◆ Void　auxSolidSphere(GLdouble radius)；

功能：绘制球体。

参数说明：radius 为球体半径。

（2）长方体

◆ Void　auxWireBox(GLdouble width,GLdouble height,GLdouble depth)；

◆ Void　auxSolidBox(GLdouble width,GLdouble height,GLdouble depth)；

功能：绘制长方体。

参数说明：width，height 和 depth 为长方体的长、高和宽。

（3）圆柱体

◆ Void　auxWireCylinder(GLdouble radius,GLdouble height)；

◆ Void　auxSolidCylinder(GLdouble radius,GLdouble height)；

功能：绘制圆柱体。

参数说明：radius，height 为圆柱体的地面半径和高。

（4）圆环

◆ Void　auxWireTorus(GLdouble innerRadius,GLdouble outRadius)；

◆ Void　auxSolidTorus(GLdouble innerRadius,GLdouble outRadius)；

功能：绘制圆环。

参数说明：innerRadius，outRadius 为圆环的内外圆半径。

（5）正二十面体

◆ Void　auxWireIcosahedron(GLdouble radius)；

◆ Void　auxSolidIcosahedron(GLdouble radius)；

功能：绘制正二十面体。

参数说明：radius 为正二十面体的边长。

（6）正八面体

◆ Void auxWireOctahehen(GLdouble radius);

◆ Void auxSolidOctahehen(GLdouble radius);

功能：绘制正八面体。

参数说明：radius 为正八面体的边长。

(7) 正四面体

◆ Void auxWireTetrahedron(GLdouble radius);

◆ Void auxSolidTetrahedron(GLdouble radius);

功能：绘制正四面体。

参数说明：radius 为正四面体的边长。

(8) 正十二面体

◆ Void auxWireDodecahedron(GLdouble radius);

◆ Void auxSolidDodecahedron(GLdouble radius);

功能：绘制正十二面体。

参数说明：radius 为正十二面体的边长。

(9) 圆锥

◆ Void auxWireCone(GLdouble radius,GLdouble height);

◆ Void auxSolidCone(GLdouble radius,GLdouble height);

功能：绘制圆锥。

参数说明：radius，height 为圆锥的地面半径和高。

(10) 茶壶

◆ Void auxWireTeapot(GLdouble size);

◆ Void auxSolidTeapot(GLdouble size);

功能：绘制茶壶。

参数说明：size 为茶壶的尺寸。

(11) 立方体

◆ Void auxWireCube(GLdouble width);

◆ Void auxSolidCube(GLdouble width);

功能：绘制立方体。

参数说明：width 为立方体的尺寸。

4.4 顶点数组

从上面介绍的绘制几何物体的 OpenGL 命令看，绘制一个多边形图元，可能会用到许多 OpenGL 函数。例如，绘制一个 20 个顶点的多边形需要调用 22 个函数：首先是调用 glBegin 函数，然后调用 glVertex 函数绘制每一个顶点，最后调用 glEnd 函数。如果需要为每个顶点确定颜色或边界线标志，则还需要更多的函数。

另一方面，对一个正立方体来说，它有 6 个面和 8 个共用的顶点。如果按一般绘制多边形方法，则每个面使用该顶点时，都要指定一次，因此，该图形需要处理 24 个顶点。

OpenGL 采用顶点数组函数来指定大量与顶点相关的数据。使用顶点数组减少了函数调用的数目，提高了性能。

为了使用顶点数组来渲染几何体，需要三个步骤。

① 启用数组。最多可启用 6 个数组。

② 将数据放入一个数组或几个数组中。

③ 使用数据来绘制几何体。

（1）启用数组

◆ Void glEnableClientState(Glenum array);

该函数指定了启用的数组。参数为 GL_VERTEX_ARRAY，GL_COLOR_ARRAY，GL_NORMAL_ARRAY，GL_TEXTURE_ARRAY 和 GL_EDGE_FLAG_ARRAY。

如果几何体使用光照，需要为每个顶点定义一个表面法线。

glEnableClientState(GL_NORMAL_ARRAY);

glEnableClientState(GL_VERTEX_ARRAY);

假设在某点处关闭光照，需要调用 glDisable（）函数关闭光照。如果还要停止表面法线，需调用：

glDisableClientState(GL_NORMAL_ARRAY);

（2）为数组指定数据

◆ Void glVertexPointer (Glint size, GLenum type, GLsizei stride, const GLvoid* pointer);

该函数指定了存取的数组。参数 pointer 是数组中第一个顶点的第一个坐标地址。参数 type 指定了坐标数据类型。参数 size 指定每个顶点的坐标数目。参数 stride 为连续顶点之间的字节偏移。

4.5 法线向量

法线向量是一个垂直于表面方向的向量。对于一个平面，一个垂直向量能标识出平面上所有点的法向，但对于一个曲面，每一点的法线方向都不同。在 OpenGL 中，程序员可以为每个多边形或每个顶点指定法线。

一个物体的法线向量定义了其表面在空间的方向，特别是相对于光源的方向。OpenGL 利用这些向量来确定物体在顶点处接收了多少光。

程序员可以用 glNormal*（）函数来设置传递参数的当前法线，然后调用 glVertex*（）函数对指定的顶点赋予当前法线。

Void glNormal3{bsidf}(TYPE nx, TYPE ny, TYPE nz);

Void glNormal3{bsidf}v(const TYPE* v);

该函数按参数的指定对当前法线向量进行设置。

在一个表面上的给定点处，有两个方向相反的向量垂直于此表面。通常，法线是指向模型表面外侧的向量。另外，法线向量仅仅表示方向，其长度不重要。但如果计算光照时，必须把其变换为长度 1。即进行归一化处理。

【例 4-4】 在顶点处的表面法线。

```
glBegin(GL_POLYGON);
    glNormal3fv(n0);
```

```
    glVertex3fv(v0);
    glNormal3fv(n1);
    glVertex3fv(v1);
    glNormal3fv(n2);
    glVertex3fv(v2);
    glVertex3fv(n3);
    glVertex3fv(v3);
glEnd();
```

法线归一化处理可以让 OpenGL 自动执行，调用函数 glEnable(GL_NORMALIZE)即可。

习题 4

4-1 函数 glClearColor（ ）的功能是什么？

4-2 OpenGL 以怎样的顺序来绘制 GL_TRIANGLE_STRIP 的顶点？又以怎样的顺序来绘制 GL_TRIANGLE_FAN 的顶点？

4-3 编程题：在白色背景下画出一红色五角星。

4-4 编程题：画出如图 4-5 所示的图形。

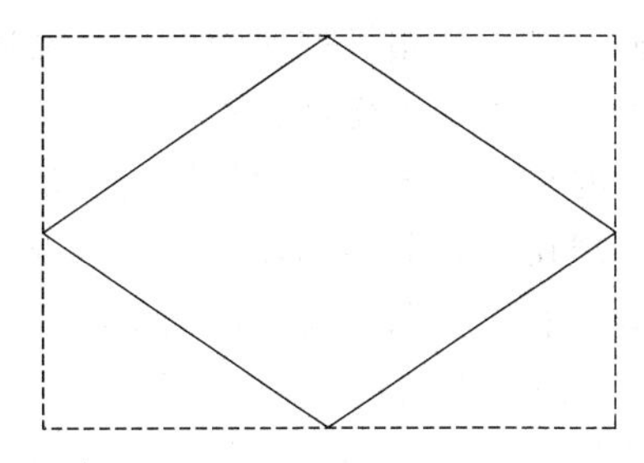

图 4-5 题 4-4 图

5 坐标变换

在计算机屏幕上显示的三维物体实际上是二维图形，要使一个三维物体在计算机上显示出来，需要经过一系列的变换，才能将物体的三维空间坐标变换成屏幕上的像素点位置。这些变换如下。

① 变换。由矩阵乘法表达，包括模型操作、视图操作和投影操作。

② 裁剪。由于场景在矩形窗口中渲染，因此，必须裁剪掉处于窗口外的部分。

③ 视区变换。建立需要变换的坐标与屏幕像素之间的对应关系。

5.1 坐标变换的基本概念

5.1.1 概述

三维物体到二维平面的变换可以通过相机拍照的方法来描述。拿相机拍照时，相机的取景器中就存在了人眼和现实世界之间的一个变换过程。

首先，相机的取景器中显示的是二维图像，而相机前面是真实的三维世界。人通过调整相机的位置和方向，可以改变出现在取景器中的场景（视图变换）。

其次，可以通过移动被摄对象的位置和方向，使场景取于取景器中的合适位置（模型变换）；或通过改变相机变焦镜头，改变被摄对象在取景器中的投影大小（投影变换）。

最后，冲洗照片时，可以选择放大、缩小或部分图像的照片（视口变换）。

根据上述一系列动作，完成了三维现实世界到二维图像的变换。

由于在某个方向上移动相机与相反方向移动物体所产生的效果是一样的，因此视图变换和模型变换通称为几何变换。图 5-1 显示了坐标变换的操作顺序。

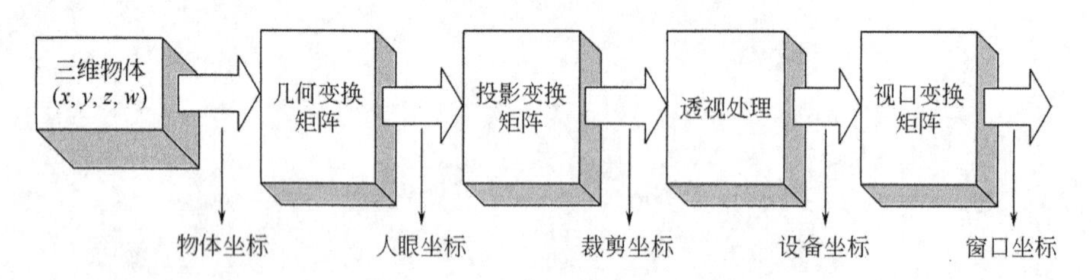

图 5-1　坐标变换的操作顺序

在程序设计中，视图变换必须在模型变换之前完成，投影变换和视口变换可以在绘图之前的任何时候指定。

5.1.2 矩阵操作

OpenGL 提供了许多三维变换函数，用户可以运用这些函数进行三维图形操作。

(1) 设置矩阵类型　在进行变换前，用户必须声明是修改哪一种类型矩阵：模型视图矩阵、投影矩阵或紊乱矩阵。设置矩阵类型的函数原型如下。

◆ Void　glMatrixMode(GLenum mode);

功能：设置当前矩阵类型。

参数说明：mode 指定后续矩阵操作的对象是哪个矩阵堆栈。定义如表 5-1 所示。

表 5-1　mode 含义

Mode	含　义	Mode	含　义
GL_MODELVIEW	模型视图矩阵堆栈	GL_TEXTURE	纹理矩阵堆栈
GL_PROJECTION	投影视图矩阵堆栈	GL_COLOR	颜色矩阵堆栈

默认情况下，mode 取值为 GL _ MODELVIEW。在程序中可以通过调用 glGet (GL _ MATRIX _ MODE) 查询当前矩阵操作的对象是哪个矩阵堆栈。

(2) 装入单位矩阵　函数 glMatrixModel() 之后的变换操作将修改当前矩阵，用户可以调用 glLoadIdentity() 函数将改变后的当前矩阵用相应的单位矩阵替换，以恢复初始状态。

◆ Void　glLoadIdentity(void);

该函数指定一个 4×4 单位矩阵。

(3) 装入任意矩阵　装入任意矩阵的函数原型如下。

◆ Void　glLoadMatrix{fd} (TYPE* m);

功能：用指定矩阵替换当前矩阵。

参数说明：m 指定一个指针，指向 16 个连续量，组成 4×4 矩阵。

16 个变量 (m_1，m_2，…，m_{16}) 的矩阵 M 格式如下。

$$M=\begin{bmatrix} m_1 & m_5 & m_9 & m_{13} \\ m_2 & m_6 & m_{10} & m_{14} \\ m_3 & m_7 & m_{11} & m_{15} \\ m_4 & m_8 & m_{12} & m_{16} \end{bmatrix}$$

下面代码用一个指定的矩阵替换当前矩阵。

```
Glfloat* m={{a0,a1,a2,a3},{a4,a5,a6,a7},{a8,a9,a10,a11},{a12,a13,a14,a15}};
glLoadMatrixf(m);
```

(4) 矩阵相乘　矩阵相乘的函数原型如下。

◆ Void　glMultiMatrix{fd} (TYPE* m);

功能：用指定矩阵乘以当前矩阵。

参数说明：m 指定一个指针，指向 16 个连续量，组成 4×4 矩阵。

如果当前矩阵是 C，且变换坐标为 $v=(v[0],v[1],v[2],v[3])$，则当前变换为 $C\times v$，即

$$\begin{bmatrix} c[0] & c[4] & c[8] & c[12] \\ c[1] & c[5] & c[9] & c[13] \\ c[2] & c[6] & c[10] & c[14] \\ c[3] & c[7] & c[11] & c[15] \end{bmatrix} \times \begin{bmatrix} v[0] \\ v[1] \\ v[2] \\ v[3] \end{bmatrix}$$

调用 glMultiMatix（m），替换当前矩阵为（$C\times M$）$\times v$，即

$$\begin{bmatrix} c[0] & c[4] & c[8] & c[12] \\ c[1] & c[5] & c[9] & c[13] \\ c[2] & c[6] & c[10] & c[14] \\ c[3] & c[7] & c[11] & c[15] \end{bmatrix} \times \begin{bmatrix} m[0] & m[4] & m[8] & m[12] \\ m[1] & m[5] & m[9] & m[13] \\ m[2] & m[6] & m[10] & m[14] \\ m[3] & m[7] & m[11] & m[15] \end{bmatrix} \times \begin{bmatrix} v[0] \\ v[1] \\ v[2] \\ v[3] \end{bmatrix}$$

下面代码使用 3 个变换来绘制一个顶点。

```
glMatrixMode(GL_MODELVIEW);
glLoadIdentity();
glMultiMatrix(N);
glMultiMatrix(M);
glMultiMatrix(L);
glBegin(GL_POINTS);
glVertex3f(v);
glEnd();
```

模型矩阵变换后的顶点为 $N\times M\times L\times v$。顶点的实际变换顺序与指定的顺序相反，先以 $L\times v$，再以 $M\times(L\times v)$，再以 $N\times(M\times(L\times v))$。

因此，如果对一个物体想先进行旋转，然后进行平移的程序代码如下。

```
glMatrixMode(GL_MODELVIEW);
glLoadIdentity();
glMultiMatrixf(T);
glMultiMatrixf(R);
glBegin(GL_POINTS);
glVertex3f(v);
glEnd();
```

5.2 视图变换和模型变换

视图变换和模型变换是相互关联的，可以统一称为几何变换。在执行视图变换和模型变换前，程序员必须使用参数 GL _ MODELVIEW 调用函数 glMatrixMode()。

视图变换通常发生在模型变换之前。如果没有视图变换，“照相机”将处在默认位置——原点上，方向为 z 轴负向。

5.2.1 模型变换

OpenGL 中模型变换的三个子函数分别是：glTranslate*（），glRotate*（）和 glScale*（）。这些函数分别将通过平移、旋转和拉伸来变换一个物体。

5.2.2 平移变换

◆ Void glTranslate{fd}（TYPE x,TYPE y,TYPE z);

功能：当前矩阵乘以平移矩阵。

参数说明：x，y，z 分别指定平移向量的 x，y 和 z 方向的坐标值。

执行这个函数的结果相当于当前模型变换矩阵乘以矩阵

$$T=\begin{bmatrix}1 & 0 & 0 & x\\0 & 1 & 0 & y\\0 & 0 & 1 & z\\0 & 0 & 0 & 1\end{bmatrix}$$

5.2.3 旋转变换

◆ Void glRotate{fd} (TYPE angle,TYPE x,TYPE y,TYPE z);

功能：当前矩阵乘以平移矩阵。

参数说明：angle 指定旋转角度；x，y，z 分别指定向量的 x，y 和 z 方向的坐标值。

5.2.4 缩放变换

◆ Void glScale{fd} (TYPE x,TYPE y,TYPE z);

功能：将当前矩阵乘以缩放矩阵。

参数说明：x，y，z 分别指定沿 x，y 和 z 方向的缩放因子。

5.2.5 模型变换实例

【例 5-1】 绘制一个没有进行模型变换的三角形线框；加入虚线点画和平移后（沿 x 轴的负方向移动)，绘制一个同样的三角形；由一条点画的长虚线绘制三角形，其高度（y 轴）减半，宽度（x 轴）增加一半；绘制一个旋转的，由点线组成的三角形。

程序如下所示。

```
Void Draw_triangle(void)
{
glBegin(GL_TRIANGLES);
glVertex3f(1.0f,0.0f,0.0f);
glVertex3f(0.0f,1.0f,0.0f);
glVertex3f(-1.0f,0.0f,0.0f);
glEnd();
}

glMatrixMode(GL_MODELVIEW);
glLoadIdentity();
glColor3f(1.0,1.0,1.0);
Draw_triangle();

glEnable(GL_LINE_STIPPLE);
glLineStipple(1,0xf0f0);
glMatrixMode(GL_MODELVIEW);
glLoadIdentity();
glTranslatef(-2.0,0.0,0.0);
Draw_triangle();

glLineStipple(1,0xf00f);
```

```
glMatrixMode(GL_MODELVIEW);
glLoadIdentity();
glScalef(1.5,0.5,1.0);
Draw_triangle();

glLineStipple(1,0x8888);
glMatrixMode(GL_MODELVIEW);
glLoadIdentity();
glRotate(90.0,0.0,0.0,1.0);
Draw_triangle();

glDisable(GL_LINE_STIPPLE);
```

5.2.6 视图变换

视图变换是改变视点的位置和方向，相当于照相时改变相机的位置和拍摄方向。默认状态下，相机和拍摄物体均位于场景中的原点位置，并且相机的初始方向指向 z 轴负向。需要注意的是必须在执行模型变换函数之前调用视图变换函数，以保证场景中的物体先做模型变换，再做视图变换，这样可以使模型变换首先对物体起作用。

视图变换方法如下。

(1) 使用模型变换函数 glTranslate*() 和 glRotate*() 变换的效果可以看成是照相机的移动，也可以看成是物体在场景中相对于静止的照相机的移动。

(2) 使用 glLookAt() 函数 例如，当照相机和物体都在原点，如果想将视点后移 5 个单位，则可通过移动物体 5 个单位达到。如果想在侧面观测物体，那么是先旋转还是先移动？对于全局坐标系，应先旋转物体，再移动物体以远离相机。但在写程序时，由于变换函数执行顺序与执行相反，所以应先编写平移函数，再编写旋转函数。对于局部坐标，应先平移，再旋转，同时在局部坐标中，变换函数执行顺序与书写一致，因此也是先写平移函数，再写旋转函数。

```
glTranslatef(0.0,0.0,-5.0);
glRotatef(90.0,0.0,1.0,0.0);
```

如果程序员想在任意角度观察所构建场景，需要用到 glLookAt () 函数。

◆ Void gluLookAt(GLdouble eyex, GLdouble eyey, GLdouble eyez, GLdouble centerx, GLdouble centery, GLdouble centerz, GLdouble upx, GLdouble upy, GLdouble upz);

功能：定义一个视图矩阵并将其右乘到当前矩阵上，其结果返回给当前矩阵。

参数说明：视点由 eyex，eyey，eyez 指定。centerx，centery，centerz 指定期望视线上的任一点，通常取观测场景中心的点，这两点决定了视线方向。参数 upx，upy，upz 指定向上的方向。

【例 5-2】 改变视点。

```
#include <windows.h>
#include <gl\glut.h>

//comment opengl lib
```

```
#pragma comment(lib,"opengl32.lib")
#pragma comment(lib,"glu32.lib")
#pragma comment(lib,"glut32.lib")

//function forward decl
void init(void);
void display(void);
void reshape(int w,int h);
void keyboard(unsigned char key,int x,int y);

float posx=0.0f,posy=20.0f,posz=60.0f;
float eyex=0.0f,eyey=0.0f,eyez=0.0f,upx=0.0f,upy=1.0f,upz=0.0f;

int main(int argc,char ** argv)
{
    //init glut
    glutInit(&argc,argv);

    //create window using glut function
    glutInitDisplayMode(GLUT_DOUBLE | GLUT_RGB);
    glutInitWindowSize(500,500);
    glutInitWindowPosition(100,100);
    glutCreateWindow("look around");

    //init opengl
    init();

    //register callback function
    glutDisplayFunc(display);
    glutReshapeFunc(reshape);
    glutKeyboardFunc(keyboard);

    //loop!!
    glutMainLoop();

    //return from our program
    return 0;
}


void init(void)
```

```
{
    glClearColor(0.0,0.0,0.0,0.0);
    glShadeModel(GL_FLAT);
}

void display(void)
{
    glClear(GL_COLOR_BUFFER_BIT);

    glPushMatrix();

    gluLookAt(posx,posy,posz,eyex,eyey,eyez,upx,upy,upz);

    glPushMatrix();

    glColor3f(1.0f,0.0f,0.0f);

    glutWireSphere(3.0,12,12);

    glPushMatrix();
    glTranslatef(10.0f,0.0f,10.0f);
    glRotatef(-90.0f,1.0f,0.0f,0.0f);
    glColor3f(0.0f,0.0f,1.0f);
    glutWireCone(5,12,12,1);
    glPopMatrix();

    glPushMatrix();
    glTranslatef(-10.0f,0.0f,20.0f);
    glRotatef(45.0f,0.0f,1.0f,0.0f);
    glColor3f(1.0f,1.0f,0.0f);
    glutWireCube(4.0);
    glPopMatrix();
    glPopMatrix();
    glPopMatrix();

    glutSwapBuffers();
}

//our reshape callback function
void reshape(int w,int h)
```

```
{
    //set viewport
    glViewport(0,0,(GLsizei)w,(GLsizei)h);
    //set projection matrix
    glMatrixMode(GL_PROJECTION);
    glLoadIdentity();
    gluPerspective(45.0,(GLfloat)w/(GLfloat)h,1.0,150.0);
    //change to modelview matrix to prepare for draw our scene
    glMatrixMode(GL_MODELVIEW);
    glLoadIdentity();
}

//our keyboard callback function
void keyboard(unsigned char key,int x,int y)
{
    switch(key)
    {
    case 'w':
        {
            posz-= 0.5f;
            eyez-= 0.5f;
            glutPostRedisplay();
        }
        break;
    case's':
        {
            posz += 0.5f;
            eyez += 0.5f;
            glutPostRedisplay();
        }
        break;
    case'a':
        {
            posx-= 0.5f;
            eyex-= 0.5f;
            glutPostRedisplay();
        }
        break;
    case'd':
        {
```

```
                posx += 0.5f;
                eyex += 0.5f;
                glutPostRedisplay();
            }
            break;
        }
}
```

程序效果如图 5-2 所示。

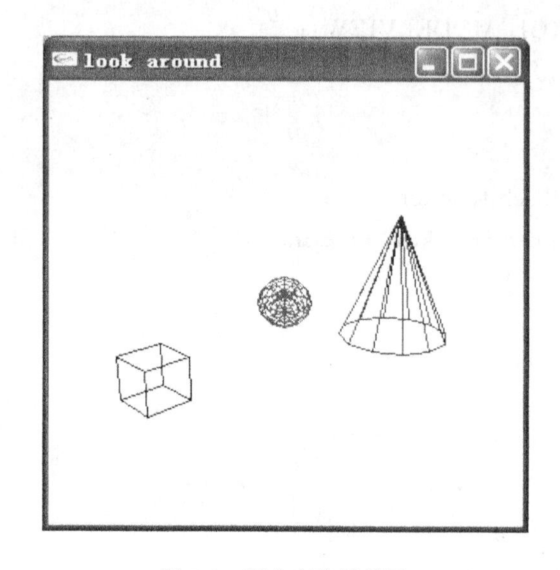

图 5-2 视点变换效果图

通过按键“w”，“a”，“s”和“d”可以模拟摄像机取景窗进行位置调整。

5.3 投影变换

投影变换是将三维场景中的物体投影到二维平面上。投影变换定义了一个取景器，它决定了物体的哪些部分投影到平面上，投影变换需要使用投影矩阵，必须先调用 glMatrix-Mode（GL_PROJECTION）函数。投影变换有两种，一种是透视投影，这种效果与人眼观察的效果相同；另一种是正交投影，它的最大特点是无论物体距离视点多远，投影后的尺寸不变。投影之前调用函数：

```
glMatrixMode(GL_PROJECTION);
glLoadIdentity();
```

5.3.1 透视投影

透视投影最显著的特征是距离照相机越远的物体，在图像上就显得越小。因为在透视投影中，视图体是一个棱锥平截面台体。有两个剪切面：近剪切面和远剪切面，分别将离视点太近和太远的物体部分全部剪切掉。同样一个物体，距离视点越近显得越大。这种投影方式与人眼的工作方式相似，因此常用于动画和场景仿真等应用场合。

透视投影定义有两个函数：glFrustum（）和 gluPerspective()。

◆ Void glFrustum(GLdouble left,GLdouble right,GLdouble bottom,GLdouble top,GLdouble near,GLdouble far);

功能：创建透视图的平截台体矩阵并左乘当前矩阵，其结果返回给当前矩阵。

参数说明：参数（left，bottom，－near）和（right，top，－near）指定近剪切面的左下角和右上角坐标。参数 near 和 far 表示视点与近剪切面和远剪切面的距离。恒为正。

◆ Void gluPerspective(GLdouble fovy,GLdouble aspect,GLdouble near,GLdouble far);

功能：创建透视图的平截台体矩阵并左乘当前矩阵，其结果返回给当前矩阵。

参数说明：参数 fovy 指定 x-z 平面内视区的角度，取值［0，180］。参数 aspect 为长宽比，即 x 与 y 的比率。参数 near 和 far 表示视点与近剪切面和远剪切面的距离。所有参数恒为正。

使用函数 gluPerspective() 时，需要选择合适的视角，否则图像会发生变形。为了得到合适的视角值，需计算出眼睛离屏幕的垂直距离以及窗口的大小，并且计算出该距离对应窗口的扩展角度。

5.3.2 正交投影

正交投影模式的视图体是一个直角平行六面体，即盒子。与透视投影不同，正交投影确定的视图体两端的尺寸大小相同，因此距相机的远近并不影响物体显示的大小。

函数 glOrtho() 用来创建正交的平行视图体。函数原型如下。

◆ Void glOrtho(GLdouble left,GLdouble right,GLdouble bottom,GLdouble top,GLdouble near,GLdouble far);

功能：创建正交平行视图体矩阵并左乘当前矩阵，其结果返回给当前矩阵。

参数说明：参数（left，bottom，－near）和（right，top，－near）指定近剪切面的左下角和右上角坐标。参数 near 和 far 表示视点与近剪切面和远剪切面的距离。恒为正。

对于二维图形向二维屏幕的投影，使用函数 gluOrtho2D()。该函数假定物体的 z 坐标均在－1.0～1.0 之间。

Void gluOrtho2D(GLdouble left,GLdouble right,GLdouble bottom,GLdouble top);

5.4 视口变换

视口是用来绘制图像的窗口中的一个矩形区域。视口的位置和尺寸是在窗口坐标系中进行度量的，默认状态下，其坐标原点位于窗口左下角，其尺寸与窗口的大小相同。需要特别强调，窗口和视口是不同的概念：窗口的创建是由窗口管理程序完成；视口的位置和大小是通过 OpenGL 中的函数指定的。视口是窗口中的一块区域，可以通过划分窗口指定多个视口，以达到多个视图同时显示的效果。

视口定义函数 glViewPort()，原型如下。

◆ Void glViewPort(Glint x,Glint y,GLsizei width,GLsizei height);

功能：设置视口。

参数说明：参数（x，y）指定视口的左下角；参数（width，height）为视口的尺寸。

一般来说，应将视口的宽高比设置为观察视图体的宽高比，这样映射到视口中的物体不发生畸变。默认情况下视口的初始值为（0，0，winWidth，winHeight）。WinWidth 和 winHeight 为当前窗口的尺寸。

当窗口尺寸改变时，视口尺寸并不改变。因此，为了能使视口作相应改变，程序中应检测窗口尺寸改变事件，并对视口作相应调整。

【例 5-3】 说明宽高比的问题。

正常显示，宽高比一致。

```
gluPerspective(fovy,1.0,near,far);
glViewPort(0,0,400,400);
```

扭曲显示：

```
gluPerspective(fovy,1.0,near,far);
glViewPort(0,0,400,200);
```

修改：

```
gluPerspective(fovy,2.0,near,far);
glViewPort(0,0,400,200);
```

【例 5-4】 在一个窗口中显示两个视图。

将物体绘制两次，每次在不同视口。

```
glViewPort(0,0,sizex/2,sizey);
绘制物体
glViewPort(sizex/2,0,sizex/2,sizey);
绘制物体
```

Z 坐标变换

在视口变换中，对深度（z）坐标进行编码并保存，并在涉及深度缓存的操作中应用。函数 glDepthRange() 定义了 z 坐标的编码方式。

◆ Void glDepthRange(Glclampd near,Glclampd far);

功能：为 z 坐标定义编码。

参数说明：参数（near，far）表示可以存储在深度缓存中的最小值和最大值。默认为 0.0 和 1.0；取值范围 [0，1]。

5.5 附加裁剪面

投影变换定义的 6 个裁剪平面（左、右、下、上、近、远）为基本裁剪面，它不能显示某些物体的剖面图，为此可定义 6 个附加的裁剪面，以删除场景中无关的物体，达到限制视图体的作用。

OpenGL 通过函数 glClipPlane() 来定义附加裁剪面。

◆ Void glClipPlane(Glenum plane,const Gldouble* equation);

功能：定义一个裁剪平面。

参数说明：参数 plane 为裁剪平面名称，取 GL_CLIP_PLANEi，i 是 0～5 之间的整数。Equation 为指向平面方程 $Ax+By+Cz+D=0$ 的 4 个系数的指针。

附加裁剪平面的启用和停用由下列命令实现。

```
glEnable(GL_CLIP_PLANEi);
glDisable(GL_CLIP_PLANEi);
```

【例 5-5】 附加裁剪平面 clip。

```
#include <GL/glut.h>
#include <stdlib.h>

Void init()
{
glClearColor(0.0,0.0,0.0,0.0);
glShadModel(GL_FLAT);
}

Void display()
{
GLdouble eqn[4]={0.0,1.0,0.0,0.0};
GLdouble eqn2[4]={1.0,0.0,0.0,0.0};

glClear(GL_COLOR_BUFFER_BIT);
glColor3f(1.0,1.0,1.0);
glPushMatrix();
glTranslatef(0.0,0.0,-5.0);
glClipPlane(GL_CLIP_PLANE0,eqn);
glEnable(GL_CLIP_PLANE0);

glClipPlane(GL_CLIP_PLANE1,eqn2);
glEnable(GL_CLIP_PLANE2);

glRotatef(90.0,1.0,0.0,0.0);
glutWireSphere(1.0,20,16);
glPopMatrix();
glFlush();
}
```

5.6 矩阵堆栈

堆栈表示先入后出的内存管理，OpenGL 中存在三种矩阵堆栈，模型视图矩阵堆栈，投影矩阵堆栈和纹理矩阵堆栈。本节主要介绍模型视图矩阵堆栈和投影矩阵堆栈。图 5-3 为示意图。

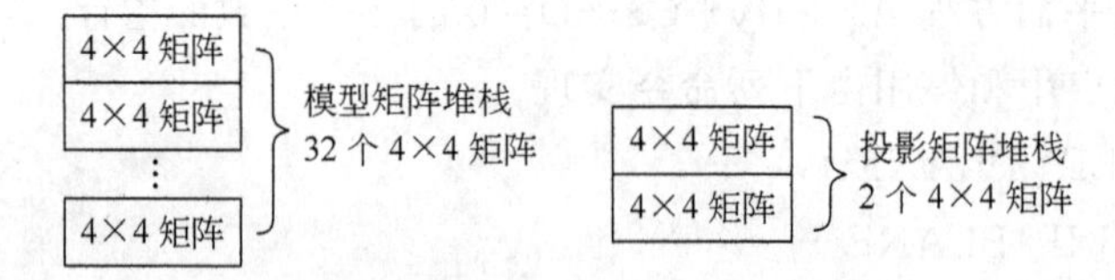

图 5-3　模型矩阵堆栈和投影矩阵堆栈

OpenGL 中管理矩阵堆栈的函数是 glPushMatrix() 和 glPopMatrix()，函数原型如下。

◆ Void　glPushMatrix(void);

◆ Void　glPopMatrix(void);

功能：压入和弹出当前矩阵堆栈。

模型矩阵堆栈至少包含 32 个 4×4 的变换矩阵，初始状态时，最顶层的矩阵为单位阵。有些 OpenGL 的应用支持多于 32 个，可以通过 glGetIntegerv() 获得最大矩阵数目。

投影矩阵一般仅需要 2 级深度，有些 OpenGL 的应用支持多于 2 个，可以通过 glGetIntegerv () 获得最大矩阵数目。有些应用既需要在窗口中显示三维场景，又要显示带有文本的帮助窗口，这时用到堆栈中的第二个矩阵。代码如下。

```
glMatrixMode(GL_PROJECTION);
glPushMatrix();
glLoadIdentity();
glOrtho(...);
display_the_help();
glPopMatrix();
```

【例 5-6】 建立有关节的机器人模型。

```
#include <windows.h>
#include <stdlib.h>
#include <stdio.h>
//we use opengl
#include <gl\glut.h>

//comment opengl lib
#pragma comment(lib,"opengl32.lib")
#pragma comment(lib,"glu32.lib")
#pragma comment(lib,"glut32.lib")

//function forward decl
void init(void);
void display(void);
void reshape(int w,int h);
void keyboard(unsigned char key,int x,int y);

//some global var
```

```
static int shoulder = 0,elbow = 0,hand = 0;

//our main function
int main(int argc,char** argv)
{
    //init glut
    glutInit(&argc,argv);

    //create window using glut function
    glutInitDisplayMode(GLUT_DOUBLE | GLUT_RGB);
    glutInitWindowSize(500,500);
    glutInitWindowPosition(100,100);
    glutCreateWindow("robot arm");

    //init opengl
    init();

    //register callback function
    glutDisplayFunc(display);
    glutReshapeFunc(reshape);
    glutKeyboardFunc(keyboard);

    //loop!!
    glutMainLoop();

    //return from our program
    return 0;
}

//init opengl
void init(void)
{
    //clear color
    glClearColor(0.0f,0.0f,0.0f,0.0f);
    glShadeModel(GL_FLAT);
}

//our draw callback function
void display(void)
{
```

```
//clear buffer bit
glClear(GL_COLOR_BUFFER_BIT | GL_DEPTH_BUFFER_BIT);
//we use push matrix to save our current matrix stack top
glPushMatrix();

//draw shoulder
glTranslatef(-1.0f,0.0f,0.0f);
glRotatef((GLfloat)shoulder,0.0f,0.0f,1.0f);
glTranslatef(1.0f,1.0f,0.0f);
glPushMatrix();
glScalef(2.0f,0.4f,1.0f);
glutWireCube(1.0);
glPopMatrix();

//draw elbow
glTranslatef(1.0f,0.0f,0.0f);
glRotatef((GLfloat)elbow,0.0f,0.0f,1.0f);
glTranslatef(1.0f,0.0f,0.0f);
glPushMatrix();
glScalef(2.0f,0.4,1.0f);
glutWireCube(1.0);
glPopMatrix();

//draw hand
glTranslatef(1.25f,0.0f,0.0f);
glRotatef((GLfloat)hand,1.0f,0.0f,0.0f);
glPushMatrix();
glTranslatef(0.0f,0.2f,0.0f);
glScalef(1.0f,0.2f,0.5f);
glutWireCube(0.5);
glPopMatrix();
glPushMatrix();
glTranslatef(0.0f,-0.2f,0.0f);
glScalef(1.0f,0.2f,0.5f);
glutWireCube(0.5);
glPopMatrix();

//we recover our matrix stack using pop matrix
glPopMatrix();
```

```
    //swap buffers to show our draw above
    glutSwapBuffers();
}

//our reshape callback function
void reshape(int w,int h)
{
    //set viewport
    glViewport(0,0,(GLsizei)w,(GLsizei)h);
    //set projection matrix
    glMatrixMode(GL_PROJECTION);
    glLoadIdentity();
    gluPerspective(65.0,(GLfloat)w/(GLfloat)h,1.0,20.0);
    //change to modelview matrix to prepare for draw our scene
    glMatrixMode(GL_MODELVIEW);
    glLoadIdentity();
    //use glTranslate to make we can see the scene
    //we can change this by using gluLookAt function becase we know
    //they are relatively
    glTranslatef(0.0f,0.0f,-5.0f);
}

//our keyboard callback function
void keyboard(unsigned char key,int x,int y)
{
    //we do somting by diffrent key
    //we should call glutPostRedisplay function to tell our program to redraw our scene
    switch(key)
    {
    case 's':
        {
            shoulder = (shoulder +5)% 360;
            glutPostRedisplay();
        }
        break;
    case 'S':
        {
            shoulder = (shoulder -5)% 360;
            glutPostRedisplay();
        }
        break;
    case 'e':
```

```
        {
            elbow = (elbow+5)% 360;
            glutPostRedisplay();
        }
        break;
    case 'E':
        {
            elbow = (elbow-5)% 360;
            glutPostRedisplay();
        }
        break;
    case 'h':
        {
            hand = (hand+5)% 360;
            glutPostRedisplay();
        }
        break;
    case 'H':
        {
            hand = (hand-5)% 360;
            glutPostRedisplay();
        }
        break;
    }
}
```

程序运行结果如图 5-4 所示。

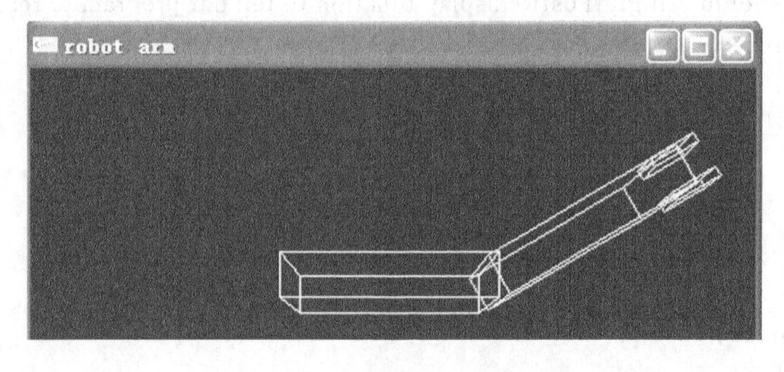

图 5-4　机器人手臂

习题 5

5-1　矩阵堆栈的四种类型是什么？

5-2　什么函数可以将当前矩阵恢复为单位矩阵？

5-3　函数 glPushMatrix( ) 和 glPopMatrix( ) 的功能分别是什么？

5-4 编程题：画出一面五星红旗。

5-5 编程题：编写一个函数 DrawCube( )，其功能为放置并旋转一个立方体，参数（x，y，z）用来确定立方体的空间位置，参数（xAng，yAng，zAng）用来确定立方体围绕每条轴线的旋转角度。函数的原形如下。

```
void  DrawCube( float x,float y,float z,float xAng,float yAng,float zAng);
```

6 颜　色

在计算机图形中，颜色是增加三维物体真实感显示不可缺少的部分。物体的颜色不仅取决于物体本身，而且与光源、环境颜色以及观察者有关。

6.1　颜色感知

6.1.1　人眼色彩判断

根据医学和物理学的知识可知，人眼看到的颜色是不同频率的光子混合后在视网膜内形成综合效果并经视神经传至大脑中枢所致。根据眼的细胞构成，人眼不一定能分辨所有的可见光，而只对红、绿、蓝三种不同波长的光及它们的组合有较好的判别。

计算机显示器对色彩的显示正是借用了红、绿、蓝三色混合的原理，各像素点的色彩均是由这三原色按一定比例组成。

实际现象中，眼睛看到的色彩比较复杂。例如：白光照射到一个红球上，反射回来的是红光，照射在蓝色玻璃上的黄光，在玻璃的另一面观察将是一片黑。

6.1.2　计算机中颜色生成

计算机屏幕上的颜色是由屏幕上每一个像素点发出不同数量的红、绿、蓝三种光按一定比例构成。这些光的数量称为 R，G，B 数值。有时还有 A 值，组合为 RGBA 值。

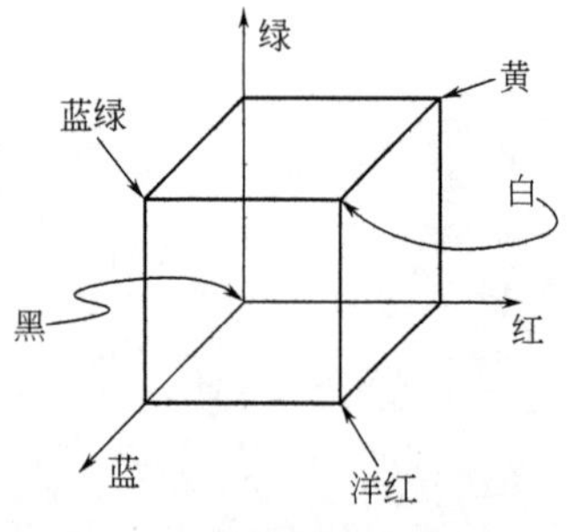

每一个像素点的信息有两种存储方式：RGBA 模式和颜色索引模式。RGBA 模式保存每一个像素点的 R，G，B，A 值；颜色索引模式保存了每个像素点的单一数值，这些单一数值为颜色索引，每个索引表定义了 R，G，B 值的特定组合。

图 6-1　颜色组合示意图

不同的图形硬件所具有的像素阵列大小以及每个像素上可显示的颜色数目有很大不同。在一个给定图形系统中，每个像素点提供了相同数量的内存空间来存储颜色值，所有像素点内存空间的总和就是颜色缓存。缓存的大小以位来衡量，8 位的缓存对每个像素点存储 256 种颜色变化。

RGB 值的取值范围为 0.0～1.0；图 6-1 为颜色组合示意图，其值如表 6-1 所示。

计算机中像素颜色的确定需以下几个步骤。

① 在绘图初始阶段，选择颜色模式（RGBA 模式或颜色索引模式）。

② 为每个几何图元的顶点指定颜色。

③ 环境因素影响：在启动光照后，物体材料特性、物体表面法线将相互作用影响顶点颜色。

表 6-1 颜色组合列表

R	G	B	颜色
0.0	0.0	0.0	黑
1.0	0.0	0.0	红
0.0	1.0	0.0	绿
0.0	0.0	1.0	蓝
1.0	1.0	0.0	黄
1.0	0.0	1.0	洋红
0.0	1.0	1.0	蓝绿
1.0	1.0	1.0	白

④ 将图元光栅化，转换为二维图像。光栅化过程用于确定窗口中哪些像素位置属于该图元，同时考虑像素段中颜色值、深度、纹理等值。像素的颜色还可能受到纹理映射、雾化和反走样影响。

考虑了上述因素，像素的颜色才能确定，将像素的颜色值赋给该像素点，并显示在窗口中。

6.2 指定颜色模式

6.2.1 RGBA 模式

在 RGBA 模式下，使用 glColor* () 函数来选择当前颜色。

◆ Void glColor3{b s I f d ub us ui} (TYPE r,TYPE g,TYPE b);

◆ Void glColor4{b s I f d ub us ui} (TYPE r,TYPE g,TYPE b,TYPE a);

◆ Void glColor3{b s I f d ub us ui}v (const TYPE* v);

◆ Void glColor4{b s I f d ub us ui}v (const TYPE* v);

功能：设置当前绘图颜色。

参数说明：r，g，b 分别指定当前颜色的红、绿、蓝值；a 指定当前颜色的 alpha 值。

当一种颜色被设置为当前颜色后，后面的绘图颜色都使用该颜色作为物体的颜色，一直到新的颜色设置出现为止。以下为 8 种颜色设置值。

```
glColor3f(0.0,0.0,0.0);黑色
glColor3f(1.0,0.0,0.0);红色
glColor3f(0.0,1.0,0.0);绿色
glColor3f(1.0,1.0,0.0);黄色
glColor3f(0.0,0.0,1.0);蓝色
glColor3f(1.0,0.0,1.0);洋红色
glColor3f(0.0,1.0,1.0);蓝绿色
glColor3f(1.0,1.0,1.0);白色
```

6.2.2 颜色索引模式

在颜色索引模式下，常调用 glIndex* () 函数，选择一个单值的颜色索引作为当前颜色的索引。

◆ Void glIndex{s I f d ub} (TYPE c);

◆ Void glIndex{s I f d ub}v (const TYPE* c);

功能：设置当前颜色索引的新值。

参数说明：c 指定当前颜色的索引值。

在颜色索引模式下，清屏颜色为：

glClearIndex(GLfloat cindex);

6.3 指定着色模式

对于一个线段或多边形，可以用单一的颜色绘制，也可以用多个不同颜色绘制。OpenGL 提供了两种着色模式：单一着色模式 GL_FLAT 和光滑着色模式 GL_SMOOTH。

设置着色模式的函数是 glShadeModel()；函数如下。

◆ Void glShadeModel (GLenum mode);

功能：选择单一或光滑着色模式。

参数说明：mode 指定一种着色模式，可取单一着色模式 GL_FLAT 和光滑着色模式 GL_SMOOTH。

OpenGL 着色模式中，默认为光滑着色模式，各顶点的颜色单独处理，几何图元的颜色由这些顶点颜色内插而成，显示出光滑过渡的效果。对单一着色模式，整个几何图元为一种颜色。

对于单个点而言，单一和光滑一致，但对于线和多边形来说，单一着色模式下颜色为该线和多边形最后一点的颜色。如表 6-2 所示。

表 6-2 单一着色的顶点颜色计算

图元类型	顶 点	图元类型	顶 点
单多边形	1	不相连三角形	3i
三角形带	i+2	相连四边形	2i+2
三角形扇面	i+2	不相连四边形	4i

【例 6-1】 画一个使用光滑阴影模型的三角形 smooth.c。

```
#include <windows.h>
#include <gl/gl.h>
#include <gl/glu.h>
#include <gl/glut.h>
#include <math.h>

// Called to draw scene
void RenderScene(void)
    {
```

```
    // Clear the window with current clearing color
    glClear(GL_COLOR_BUFFER_BIT);

    // Enable smooth shading
    glShadeModel(GL_FLAT);

    // Draw the triangle
    glBegin(GL_TRIANGLES);
        // Red Apex
        glColor3ub((GLubyte)255,(GLubyte)0,(GLubyte)0);
        glVertex3f(0.0f,200.0f,0.0f);

        // Green on the right bottom corner
        glColor3ub((GLubyte)0,(GLubyte)255,(GLubyte)0);
        glVertex3f(200.0f,-70.0f,0.0f);

        // Blue on the left bottom corner
        glColor3ub((GLubyte)0,(GLubyte)0,(GLubyte)255);
        glVertex3f(-200.0f,-70.0f,0.0f);
    glEnd();

    // Flush drawing commands
    glutSwapBuffers();
    }

// This function does any needed initialization on the rendering
// context.
void SetupRC()
    {
    // Black background
    glClearColor(0.0f,0.0f,0.0f,1.0f );
    }

void ChangeSize(int w,int h)
    {
    GLfloat windowHeight,windowWidth;
        // Prevent a divide by zero,when window is too short
    // (you cant make a window of zero width).
```

```
        if(h==0)
            h=1;

        //Set the viewport to be the entire window
        glViewport(0,0,w,h);

        // Reset the coordinate system before modifying
        glLoadIdentity();

        // Keep the square square.

        // Window is higher than wide
        if (w <= h)
            {
            windowHeight = 250.0f * h/w;
            windowWidth = 250.0f;
            }
        else
            {
            // Window is wider than high
            windowWidth = 250.0f * w/h;
            windowHeight = 250.0f;
            }

        // Set the clipping volume
        glOrtho(-windowWidth, windowWidth, -windowHeight, windowHeight, 1.0f,
-1.0f);
        }

    int main(int argc,char * argv[])
        {
        glutInit(&argc,argv);
        glutInitDisplayMode(GLUT_DOUBLE | GLUT_RGB | GLUT_DEPTH);
        glutCreateWindow("RGB Triangle");
        glutReshapeFunc(ChangeSize);
        glutDisplayFunc(RenderScene);
        SetupRC();
        glutMainLoop();

        return 0;
        }
```

程序运行效果如图 6-2 所示。

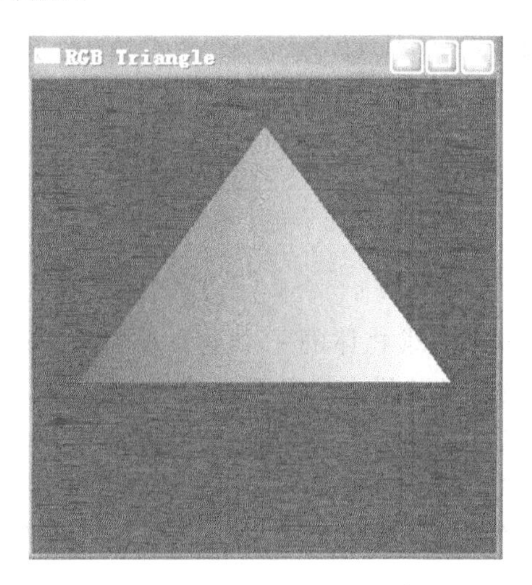

图 6-2 光滑阴影模型的三角形

习题 6

6-1 指出八种颜色红色、绿色、蓝色、黄色、洋红色、蓝绿色、白色、黑色的 RGB 的设置值。

6-2 OpenGL 的着色模式有哪两种？有何区别？

6-3 编程题：画出一个四边形，其四个顶点的颜色都不一样。用单一着色模式 GL_FLAT 和光滑着色模式 GL_SMOOTH 进行比较。

7 光照与材质

光照是 OpenGL 中绘制逼真三维物体的一个重要步骤。通过对场景中的光照和物体进行不同操作，可以产生不同的视觉效果；如果不对三维物体进行光照处理，则屏幕上三维物体的显示与二维图形没有差别。

光照还是决定物体显示颜色的一个重要方面。它决定了帧缓存中最终显示图像的各像素点颜色值。例如：当阳光普照时，海水看起来是亮蓝色的；当乌云密布时，海水则是灰绿色的。

本章将从光照基本知识，光源创建、选择光照模型、定义材质属性、光照的数学计算以及颜色索引下的光照等几个方面阐述 OpenGL 中光照使用步骤和技巧。

7.1 光照基本知识

在 OpenGL 的光照处理中，场景中的光线来自不同光源，这些光源相互独立。有些光源从特定的位置和方向射出，有些光源在场景中散射，有些光源是由物体表面反射而来。这些不同的光源综合起来包括四类：环境光、散射光、镜面反射光和发射光。把这四类光独立进行运算，然后叠加起来成为光照量值。

7.1.1 OpenGL 中的光照组成

环境光是从某个光源发出，经多次散射得到，难以确定其最初的方向。例如房间中的逆光就含有很大一部分环境光成分，这主要因为大多数光线在到达人的眼睛前已经在许多表面散射多次。

散射光来自于一个固定方向。当光线垂直照射到物体表面上时，要比斜照时亮一些。一旦光线照到表面上，就会均匀地在各个方向都发生散射。因此，不论观察点在哪个位置，其亮度都是一样的。

镜面反射光也来自特定方向，但它是反射到特定的方向上。光滑的金属或塑料可以产生较高的镜面反射成分，而白灰墙和地毯几乎不发生镜面反射。镜面反射度可以代表物体的光洁度。

除了环境光、散射光和镜面反射光颜色之外，材料可能还要发射光颜色，它为物体增加了亮度，但不受任何光源影响。

7.1.2 材质颜色

OpenGL 光照模拟认为材料的颜色取决于其对入射光中 R，G，B 各成分的反射比例。例如：对于理想的红色物体，它完全反射红色光，完全吸收绿色光和蓝色光。如果在白光照射下观察此物体，由于所有的红色光都被反射，所以物体呈现红色。如果是纯红色光照射，物体同样会呈现红色。而如果在纯绿色光照射下，物体呈现黑色，因为物体吸收了所有绿色光，物体表面没有任何反射光。

和光源类似，材料也有不同的环境色、散射色和镜面反射色，它们分别决定了材质对环境光、散射光和镜面反射光的反射系数。一种材质的环境光反射系数是每种入射光中环境颜色成分的叠加。环境光和散射光的反射系数决定了材质的颜色；镜面反射光的反射系数通常是白和灰，因此物体高光部位的颜色和光强取决于光源的镜面反射光的颜色和强度。

7.1.3 光线与材质的 RGB 值

为光线指定颜色成分意味着光的颜色与材料的颜色是不同的。对光线来说，每种颜色的数值对应于它所占光强的百分比。如果光线的 R=1.0，G=1.0，B=1.0，这种光是最亮的白光。如果三个值都是 0.5，颜色仍然是白色，但亮度只有原来的一半，此时看起来是灰色光。

对材质来说，其 R，G，B 值对应着材质对这些颜色光的反射比例。所以，若某材料的 R=1，G=0.5，B=0，说明这种材质反射全部入射的红光，反射一半入射的绿光，不反射入射的蓝光。

概括地说，在 OpenGL 中，若光线的 RGB 的分量值为（LR，LG，LB），材料的 RGB 分量值为（MR，MG，MB），忽略其他影响，则最后进入人眼中光的 RGB 值由式（LR* MR，LB* MG，LB* MB）给出。

如果有两束光（R1，G1，B1）和（R2，G2，B2）进入人眼，OpenGL 将合成为（R1+R2，G1+G2，B1+B2）。当和大于 1 时，取为 1。

7.1.4 光照处理步骤

向场景中增加光照的步骤如下。

① 为所有物体的所有顶点定义法线向量。

② 创建、选择一个或多个光源，并为光源定位。

③ 创建并选择光照模型，它定义了全局环境光的等级和观察点的有效位置。

④ 为场景中的物体定义材质属性。

（1）为物体的所有顶点定义法线向量　一个物体的法线决定了该物体相对光源的方向。对于每一个顶点，OpenGL 均通过指定法线，来确定该顶点从每个光源接收到的光线数量。

对于正确的光照，表面法线必须是单位长度。由于模型转换矩阵并不会缩放表面法线，所以最后结果的法线可能不是单位长度。为了确保法线是单位长度，就需要调用带参数 GL_NORMALIZE 和参数 GL_RESCALE_NORMAL 的函数 glEnable()。

参数 GL_RESCALE_NORMAL 使表面法线中的每一个分量都乘上一个同样的值，这些值由模型视图变换矩阵确定。因此，只有法线被均匀缩放，且以一个单位长度的矢量开始时，才能正确工作。

（2）创建、定位和选择一个或多个光源　场景中至少可以包含八个不同颜色的光源。默认光的颜色被设置为黑色。光源可以设置在任何期望位置，例如：可以设置得很靠近场景，模拟一盏台灯的作用；也可以设置在无穷远处，模仿太阳。另外，还可以设定光源，产生一束窄而集中的光线或者是宽而发散的光线。

定义了期望的光源特征后，必须用 glEnable() 打开，参数为 GL_LIGHT0 等。让 OpenGL 开始执行光照计算需调用 glEnable (GL_LIGHTING)。

（3）选择光照模型　函数 glLightModel*() 描述了光照模型的参数。

（4）定义场景中物体的材质属性　物体的材质属性决定了它如何反射光线，也由此决定了该物体表现出来的材质属性。因为物体的材质表面与入射光的相互作用是非常复杂的，所以只有通过大量的实践，才能熟练设定材质属性以达到期望的外观。

注意如下三点。

① 只有部分光照参数可以使用默认值，另一些则需要变动。

② 已经定义的光源和光照都需要被激活。

③ 光照条件发生改变时，使用显示列表可以最大限度地提高效率。

【例 7-1】 绘制光源照亮球体，球体可以改变着色模式和模型的精度。

```
#include<windows.h>
#include<gl/gl.h>
#include<gl/glu.h>
#include<gl/glut.h>
#include<math.h>

//Rotation amounts
static GLfloat xRot=0.0f;
static GLfloat yRot=0.0f;

//Light values and coordinates
GLfloat  lightPos[]={0.0f,0.0f,75.0f,1.0f};
GLfloat  specular[]={1.0f,1.0f,1.0f,1.0f};
GLfloat  specref[]={1.0f,1.0f,1.0f,1.0f};
GLfloat  ambientLight[]={0.5f,0.5f,0.5f,1.0f};
GLfloat  spotDir[]={0.0f,0.0f,-1.0f};

//Flags for effects
#define MODE_FLAT 1
#define MODE_SMOOTH  2
#define MODE_VERYLOW 3
#define MODE_MEDIUM  4
#define MODE_VERYHIGH 5

int iShade=MODE_FLAT;
int iTess=MODE_VERYLOW;

//////////////////////////////////////////////////
//Reset flags as appropriate in response to menu selections
void ProcessMenu(int value)
    {
    switch(value)
        {
```

```
        case 1:
            iShade=MODE_FLAT;
            break;
        case 2:
            iShade=MODE_SMOOTH;
            break;
        case 3:
            iTess=MODE_VERYLOW;
            break;
        case 4:
            iTess=MODE_MEDIUM;
            break;
        case 5:
            iTess=MODE_VERYHIGH;
        }
    glutPostRedisplay();
    }

//Called to draw scene
void RenderScene(void)
    {
    if(iShade==MODE_FLAT)
        glShadeModel(GL_FLAT);
    else//   iShade=MODE_SMOOTH;
        glShadeModel(GL_SMOOTH);

    //Clear the window with current clearing color
    glClear(GL_COLOR_BUFFER_BIT | GL_DEPTH_BUFFER_BIT);

    //First place the light
    //Save the coordinate transformation
    glPushMatrix();
        //Rotate coordinate system
        glRotatef(yRot,0.0f,1.0f,0.0f);
        glRotatef(xRot,1.0f,0.0f,0.0f);

        //Specify new position and direction in rotated coords.
        glLightfv(GL_LIGHT0,GL_POSITION,lightPos);
        glLightfv(GL_LIGHT0,GL_SPOT_DIRECTION,spotDir);
```

```
        //Draw a red cone to enclose the light source
        glColor3ub(255,0,0);

        //Translate origin to move the cone out to where the light
        //is positioned.
        glTranslatef(lightPos[0],lightPos[1],lightPos[2]);
        glutSolidCone(4.0f,6.0f,15,15);

        //Draw a smaller displaced sphere to denote the light bulb
        //Save the lighting state variables
        glPushAttrib(GL_LIGHTING_BIT);

            //Turn off lighting and specify a bright yellow sphere
            glDisable(GL_LIGHTING);
            glColor3ub(255,255,0);
            glutSolidSphere(3.0f,15,15);

        //Restore lighting state variables
        glPopAttrib();

    //Restore coordinate transformations
    glPopMatrix();

    //Set material color and draw a sphere in the middle
    glColor3ub(0,0,255);

    if(iTess==MODE_VERYLOW)
        glutSolidSphere(30.0f,7,7);
    else
        if(iTess==MODE_MEDIUM)
            glutSolidSphere(30.0f,15,15);
        else//   iTess=MODE_MEDIUM;
            glutSolidSphere(30.0f,50,50);
    //Display the results
    glutSwapBuffers();
    }

//This function does any needed initialization on the rendering
//context.
void SetupRC()
```

```
{
glEnable(GL_DEPTH_TEST);//Hidden surface removal
glFrontFace(GL_CCW);//Counter clock-wise polygons face out
glEnable(GL_CULL_FACE);//Do not try to display the back sides

//Enable lighting
glEnable(GL_LIGHTING);

//Setup and enable light 0
//Supply a slight ambient light so the objects can be seen
glLightModelfv(GL_LIGHT_MODEL_AMBIENT,ambientLight);

//The light is composed of just a diffuse and specular components
glLightfv(GL_LIGHT0,GL_DIFFUSE,ambientLight);
glLightfv(GL_LIGHT0,GL_SPECULAR,specular);
glLightfv(GL_LIGHT0,GL_POSITION,lightPos);

//Specific spot effects
//Cut off angle is 60 degrees
glLightf(GL_LIGHT0,GL_SPOT_CUTOFF,60.0f);

//Fairly shiny spot
glLightf(GL_LIGHT0,GL_SPOT_EXPONENT,100.0f);

//Enable this light in particular
glEnable(GL_LIGHT0);

//Enable color tracking
glEnable(GL_COLOR_MATERIAL);

//Set Material properties to follow glColor values
glColorMaterial(GL_FRONT,GL_AMBIENT_AND_DIFFUSE);

//All materials hereafter have full specular reflectivity
//with a high shine
glMaterialfv(GL_FRONT,GL_SPECULAR,specref);
glMateriali(GL_FRONT,GL_SHININESS,128);

//Black background
glClearColor(0.0f,0.0f,0.0f,1.0f );
```

```
    }

void SpecialKeys(int key,int x,int y)
    {
    if(key==GLUT_KEY_UP)
        xRot-=5.0f;

    if(key==GLUT_KEY_DOWN)
        xRot +=5.0f;

    if(key==GLUT_KEY_LEFT)
        yRot-=5.0f;

    if(key==GLUT_KEY_RIGHT)
        yRot +=5.0f;

    if(key > 356.0f)
        xRot=0.0f;

    if(key <-1.0f)
        xRot=355.0f;

    if(key > 356.0f)
        yRot=0.0f;

    if(key<-1.0f)
    yRot=355.0f;

    //Refresh the Window
    glutPostRedisplay();
    }

void ChangeSize(int w,int h)
    {
    GLfloat nRange=80.0f;
    //Prevent a divide by zero
    if(h==0)
        h=1;

    //Set Viewport to window dimensions
```

```
    glViewport(0,0,w,h);

    //Reset coordinate system
    glMatrixMode(GL_PROJECTION);
    glLoadIdentity();

    //Establish clipping volume (left,right,bottom,top,near,far)
    if (w <=h)
        glOrtho(-nRange,nRange,-nRange* h/w,nRange* h/w,-nRange,nRange);
    else
        glOrtho(-nRange* w/h,nRange* w/h,-nRange,nRange,-nRange,nRange);

    glMatrixMode(GL_MODELVIEW);
    glLoadIdentity();
    }

int main(int argc,char * argv[])
    {
    int nMenu;

    glutInit(&argc,argv);
    glutInitDisplayMode(GLUT_DOUBLE | GLUT_RGB | GLUT_DEPTH);
    glutCreateWindow("Spot Light");
    glutReshapeWindow(800,600);

    //Create the Menu
    nMenu=glutCreateMenu(ProcessMenu);
    glutAddMenuEntry("Flat Shading",1);
    glutAddMenuEntry("Smooth Shading",2);
    glutAddMenuEntry("VL Tess",3);
    glutAddMenuEntry("MD Tess",4);
    glutAddMenuEntry("VH Tess",5);
    glutAttachMenu(GLUT_RIGHT_BUTTON);
    glutReshapeFunc(ChangeSize);
    glutSpecialFunc(SpecialKeys);
    glutDisplayFunc(RenderScene);
    SetupRC();
    glutMainLoop();

    return 0;
    }
```

程序运行的效果如图 7-1 所示。

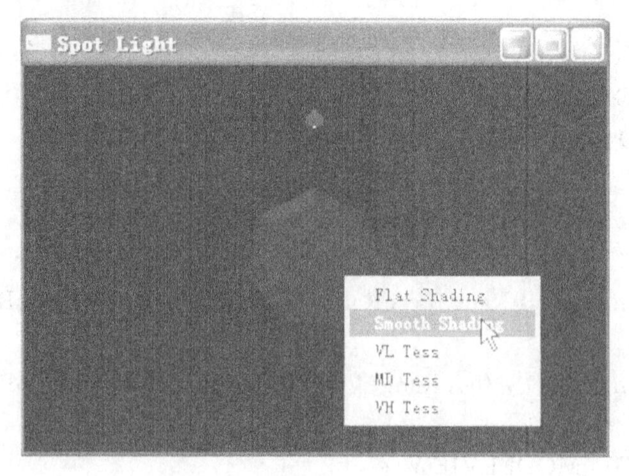

图 7-1　光照球体运行效果图

上例中，可以通过上下左右键控制光源的位置，随着光源位置的变化，球体被照射的位置也不一样。

7.2　创建光源

光源有几个特征参数，如颜色、位置和方向。创建光源的函数原型如下。

◆ Void glLight{if}(GLenum light，GLenum pname，TYPE param)；

◆ Void glLight{if}v(GLenum light，GLenum pname，TYPE* param)；

该函数创建由参数 light 指定的光源，它可以是 GL _ LIGHT0，GL _ LIGHT1，…，GL _ LIGHT7。光源属性由参数 pname 定义，它指定了一个命名参数如表 7-1 所示。

表 7-1　光源属性表

参　数　名	默认值	含　义
GL_AMBIENT	(0.0,0.0,0.0,1.0)	光源的环境光亮度
GL_DIFFUSE	(1.0,1.0,1.0,1.0)或(0.0,0.0,0.0,1.0)	光源的散射光亮度 0 为白光
GL_SPECULAR	(1.0,1.0,1.0,1.0)或(0.0,0.0,0.0,1.0)	光源的镜面反射光亮度
GL_POSITION	(0.0,0.0,1.0,0.0)	光源的位置(x,y,z,w)
GL_SPOT_DIRECTION	(0.0,0.0,−1.0)	聚光方向(x,y,z)
GL_SPOT_EXPONENT	0.0	聚光指数
GL_SPOT_CUTOFF	180.0	聚光终止角度
GL_CONSTANT_ATTENUATION	1.0	恒定衰减因子
GL_LINEAR_ATTENUATION	0.0	线性衰减因子
GL_QUADRATIC_ATTENUATION	0.0	二次衰减因子

【例 7-2】 定义光源的颜色和位置。

```
GLfloat  ambientLight[]={1.0f,0.0f,0.0f,1.0f};
GLfloat  diffuseLight[]={1.0f,0.0f,0.0f,1.0f};
GLfloat  specularLight[]={1.0f,0.0f,0.0f,1.0f};
GLfloat  positionLight[]={1.0f,0.0f,0.0f,1.0f};

glLightfv(GL_LIGHT0,GL_AMBIENT,ambientLight);
glLightfv(GL_LIGHT0,GL_DIFFUSE,diffuseLight);
glLightfv(GL_LIGHT0,GL_SPECULAR,specularLight);
glLightfv(GL_LIGHT0,GL_POSITION,positionLight);
glEnable(GL_LIGHT0);
```

【例 7-3】 加入第 2 个光源。

```
GLfloat  ambientLight[]={1.0f,0.0f,0.0f,1.0f};
GLfloat  diffuseLight[]={1.0f,0.0f,0.0f,1.0f};
GLfloat  specularLight[]={1.0f,0.0f,0.0f,1.0f};
GLfloat  positionLight[]={1.0f,0.0f,0.0f,1.0f};

GLfloat  ambientLight1[]={0.2f,0.2f,0.2f,1.0f};
GLfloat  diffuseLight1[]={1.0f,1.0f,1.0f,1.0f};
GLfloat  specularLight1[]={1.0f,1.0f,1.0f,1.0f};
GLfloat  positionLight1[]={-2.0f,2.0f,1.0f,1.0f};
GLfloat  spotdirection[]=(-1.0,-1.0,0.0);

glLightfv(GL_LIGHT0,GL_AMBIENT,ambientLight);
glLightfv(GL_LIGHT0,GL_DIFFUSE,diffuseLight);
glLightfv(GL_LIGHT0,GL_SPECULAR,specularLight);
glLightfv(GL_LIGHT0,GL_POSITION,positionLight);
glEnable(GL_LIGHT0);

glLightfv(GL_LIGHT1,GL_AMBIENT,ambientLight1);
glLightfv(GL_LIGHT1,GL_DIFFUSE,diffuseLight1);
glLightfv(GL_LIGHT1,GL_SPECULAR,specularLight1);
glLightfv(GL_LIGHT1,GL_POSITION,positionLight1);
glLightfv(GL_LIGHT1,GL_CONSTANT_ATTENUATION,1.5);
glLightfv(GL_LIGHT1,GL_LINEAR_ATTENUATION,0.5);
glLightfv(GL_LIGHT1,GL_QUADRATIC_ATTENUATION,0.2);

glLightfv(GL_LIGHT1,GL_SPOT_CUTOFF,45.0);
glLightfv(GL_LIGHT1,GL_SPOT_DIRECTION,spotdirection);
glLightfv(GL_LIGHT1,GL_SPOT_EXPONENT,2.0);
```

```
glEnable(GL_LIGHT1);
```

控制光源的位置与方向　OpenGL对光源位置，方向的处理与对几何图元的处理一样。即光源和图元一样遵从相同的矩阵变换。对光源的处理特点在于：当调用函数glLight*()来指定光源的位置与方向时，位置和方向要由当前模型视图矩阵进行转换，并存储在人眼坐标中，这意味着通过改变模型视图矩阵堆栈的内容，可以对光源的位置和方向进行操作（投影矩阵对光源的位置和方向没有影响）。

【例7-4】 位置固定的光源。

```
glViewport(0,0,w,h);

  //Reset coordinate system
  glMatrixMode(GL_PROJECTION);
  glLoadIdentity();
  if(w<=h)
      glOrtho(-1.5,1.5,-1.5*h/w,1.5*h/w,-10.0,10.0);
  else
      glOrtho(-1.5*w/h,1.5*w/h,-1.5,1.5,-10.0,10.0);

   glMatrixMode(GL_MODELVIEW);
   glLoadIdentity();

   //Move out Z axis so we can see everything
   glLightfv(GL_LIGHT0,GL_POSITION,lightPos);
```

【例7-5】 和视点一起移动的光源。

```
glViewport(0,0,w,h);

   //Reset coordinate system
   glMatrixMode(GL_PROJECTION);
   glLoadIdentity();
   fAspect=(GLfloat)w/(GLfloat)h;
   gluPerspective(60.0f,fAspect,1.0,500.0);
   glMatrixMode(GL_MODELVIEW);
   glLoadIdentity();

   //Move out Z axis so we can see everything
   glTranslatef(0.0f,0.0f,-400.0f);
   glLightfv(GL_LIGHT0,GL_POSITION,lightPos);
```

7.3 选择光照模型

OpenGL的光照模型包括以下四个部分。

① 全局环境光强度。

② 观察点的位置与场景的距离。

③ 对物体的正面和反面是否采用相同的光照计算。

④ 在执行纹理操作之后，是否将镜面颜色和环境颜色、散射颜色分离开来，并应用它。

应用函数 glLightModel* () 指定光照模型。

◆ Void glLightModel{if}(GLenum pname,TYPE param);

◆ Void glLightModel{if}v(GLenum pname,TYPE* param);

参数 pname 指定光照模型的特征。定义如表 7-2。

表 7-2 光照模型参数

参 数 名	默 认 值	含 义
GL_LIGHT_MODEL_AMBIENT	(0.2,0.2,0.2,1.0)	整个场景 RGBA 强度
GL_LIGHT_MODEL_LOCAL_VIEW	0.0 或 GL_FALSE	计算镜面反射角
GL_LIGHT_MODEL_TOW_SIDE	0.0 或 GL_FALSE	选择单面或双面光照
GL_LIGHT_MODEL_COLOR_CONTROL	GL_SINGLE_COLOR	镜面颜色计算是否与环境、散射颜色分离

7.3.1 全局环境光

为了指定全局环境光，设置参数 GL_LIGHT_MODEL_AMBIENT 如下。

```
GLfloat lmodel_ambient[]={0.2,0.2,0.2,1.0};
glLightModelfv(GL_LIGHT_MODEL_AMBIENT,lmodel_ambient);
```

上述代码将产生少量的白色环境光。即使场景中没有其他任何光源，也可以看到场景中的物体。

7.3.2 视点的远近

视点的位置影响镜面反射区的计算。一个特定顶点的镜面反射亮度，取决于该顶点的法线、顶点相对光源的方向以及顶点相对视点的方向。

视点在无穷远情况下，场景中任何顶点到视点的方向都是同一个参数，这样计算和渲染会很方便。局部视点产生的效果会更真实，但由于需要单独计算每个顶点的方向，所以其性能会下降。视点的默认值是设置在无穷远处，下面的代码是如何将视点设置为局部视点的例子。

```
glLightModeli(GL_LIGHT_MODEL_LOCAL_VIEW, GL_TRUE);
```

该函数将视点置于人眼坐标系中的（0，0，0）点。如果要将视点设置为无穷远，参数为 GL_FALSE。

7.3.3 双面光照

如果一个物体被切开，其内表面可见，必须定义光照条件，使内表面被照亮。设置双面光照的代码：

```
glLightModeli(GL_LIGHT_MODEL_TOW_SIDE,GL_TRUE);
```

参数 GL_FALSE 可将双面光照关闭。

7.3.4 分离镜面颜色

光照计算后，要加纹理映射，这时计算好的镜面光可能会失去作用，需调用下列代码：

glLightModeli(GL_LIGHT_MODEL_COLOR_CONTROL,GL_SEPARATE_SPECULAR_COLOR);

OpenGL 将对镜面颜色的应用分离计算。对每个顶点，光照产生了两种颜色，一是主颜色，它由所有的非镜面光照成分组成；另一种是从属颜色，它是所有镜面光照成分的和。在纹理映射期间，仅把主颜色和纹理颜色结合起来。在纹理操作之后，在主颜色和纹理颜色之和的结果上再加上从属颜色。

主颜色包括所有的颜色分量：环境、散射、镜面和发射。在纹理操作之后，不加上光照成分。

如果不执行纹理映射，就不必把镜面颜色和其他光照成分进行分离。

7.3.5 激活光照

在 OpenGL 中，只有激活光照状态，光照才起作用。如不激活光照，OpenGL 仅将当前颜色简单地映射到当前矩阵上，不执行法线、光源、光照模型和材质属性等计算。激活函数：

glEnable(GL_LIGHTING);

指定了光源参数后，需要明确激活每个已定义的光源，采用下列代码：

glEnable(GL_LIGHT0);

7.4 定义材质属性

通过前面的介绍，我们知道物体的光照计算不仅与场景中的光源属性有关，而且与物体的材质属性有关。物体的材质属性包括：环境颜色、散射颜色、镜面反射颜色、亮度和发射光的颜色。

OpenGL 通过 void glMaterial* () 函数指定材质属性。

Void glMaterial{if}(GLenum face,GLenum pname,TYPE param);

Void glMaterial{if}v(GLenum face,GLenum pname,TYPE* param);

参数 face 可以取值：GL _ FRONT，GL _ BACK，GL _ FRONT _ AND _ BACK，表示材料属性应用于物体的哪个表面。

参数 pname 为材质属性标识符，具体符号如表 7-3 所示。

表 7-3 材质属性参数

参数名	默认值	含义
GL_ AMBIENT	(0.2,0.2,0.2,1.0)	材质的环境颜色
GL_DIFFUSE	(0.8,0.8,0.8,1.0)	材质的散射颜色
GL_AMBIENT_DIFFUSE		材质的背景颜色和散射颜色
GL_SPECULAR	(0.0,0.0,0.0,1.0)	材质的镜面反射颜色
GL_SHININESS	0.0	镜面反射参数
GL_EMISSION	(0.0,0.0,0.0,1.0)	材质的辐射光颜色
GL_COLOR_INDEXES	(0,1,1)	材质的颜色索引值

参数 param 为材料参数的值。它可以是指向数组的指针（在矢量形式下），也可以是数

值形式（在非矢量形式下）。

7.4.1 物体的散射和环境光反射

物体看起来是何种颜色，很大程度取决于入射光中的散射光颜色和入射光相对于物体表面法线的角度（当入射光垂直于表面时，散射光最强），视点的位置对散射光没有影响。

环境光反射也影响整个物体的颜色。一个物体的全部环境光反射，包括它对全局环境光的反射和对每个光源产生的环境光的反射。同散射光的反射一样，环境光反射不受视点位置的影响。

对于真实世界中的物体，其散射光与环境光通常是同样颜色的。利用 glMaterial*() 函数将两个参数设为相同值。

```
GLfloat mat_amb_diff[]={0.1,0.5.0.8,1.0};
glMaterialfv(GL_FRONT_AND_BACK,GL_AMBIENT_AND_DIFFUSE,mat_amb_diff);
```

7.4.2 镜面反射

物体的镜面反射会在物体表面产生一个高亮区。与环境光和散射光的反射不同，观察者所看到的镜面反射依赖于视点的位置——沿着反射光的方向亮度最高。

在 OpenGL 中，可以通过相应参数，对镜面反射高亮区的各种属性进行设置：参数 GL_SPECULAR 可以设置反射光材料效果，参数 GL_SHININESS 可以设置高亮区域的大小和亮度。GL_SHININESS 的取值范围为［0.0，128］：数值越大，高亮区域越小、亮度越高。

7.4.3 辐射光

为了模拟场景中的发光体，有时需要设定材料的辐射光特性，这可以通过指定材料参数 GL_EMISSION 的 RGBA 值来完成。辐射光的设定使物体看上去闪闪发光，但必须注意此时物体并不是一个光源，场景中的其他物体不会被其照亮。因此为了更真实地模拟场景中的实际光源，除了指定材料的辐射光特性外，还必须在此物体处创建相应的光源。使物体表面发出微微红光的代码如下。

```
Glfloat mat_emission[]={0.3,0.2,0.2,0.0};
glMaterialfv(GL_FRONT,GL_EMISSION,mat_emission);
```

7.4.4 改变材质应用实例

场景中的物体有时可能有多个，每个物体都有不同的材质属性，下面的例子采用不同材质显示的效果。

【例 7-6】 改变材质。

```
//define material property
GLfloat no_mat[]={0.0,0.0,0.0,1.0};
GLflaot mat_ambient[]={0.7,0.7,0.7,1.0};
GLflaot mat_ambient_color[]={0.8,0.8,0.2,1.0};
GLflaot mat_diffuse[]={0.1,0.5,0.8,1.0};
GLflaot mat_specular[]={1.0,1.0,1.0,1.0};
GLflaot no_shininess[]={0.0};
GLfloat low_shininess[]={5.0};
```

```
GLfloat high_shininess[]={100.0};
GLflaot mat_emission[]={0.3,0.2,0.2,0.0};

//有漫反射光,无环境光和镜面反射光
glPushMatrix()
glTranslatef(-3.75,3.0,0.0);
glMaterialfv(GL_FRONT,GL_AMBIENT,no_mat);
glMaterialfv(GL_FRONT,GL_DIFFUSE,mat_diffuse);
glMaterialfv(GL_FRONT,GL_SPECULAR,no_mat);
glMaterialfv(GL_FRONT,GL_SHININESS,no_shininess);
glMaterialfv(GL_FRONT,GL_EMISSION,no_mat);
auxSolidSphere(1.0);
glPopMatrix();

//有漫反射光,有低高光,无环境光
glPushMatrix()
glTranslatef(-1.25,3.0,0.0);
glMaterialfv(GL_FRONT,GL_AMBIENT,no_mat);
glMaterialfv(GL_FRONT,GL_DIFFUSE,mat_diffuse);
glMaterialfv(GL_FRONT,GL_SPECULAR,mat_specular);
glMaterialfv(GL_FRONT,GL_SHININESS,low_shininess);
glMaterialfv(GL_FRONT,GL_EMISSION,no_mat);
auxSolidSphere(1.0);
glPopMatrix();

//有漫反射光,有高光,无环境光
glPushMatrix()
glTranslatef(1.25,3.0,0.0);
glMaterialfv(GL_FRONT,GL_AMBIENT,no_mat);
glMaterialfv(GL_FRONT,GL_DIFFUSE,mat_diffuse);
glMaterialfv(GL_FRONT,GL_SPECULAR,mat_specular);
glMaterialfv(GL_FRONT,GL_SHININESS,high_shininess);
glMaterialfv(GL_FRONT,GL_EMISSION,no_mat);
auxSolidSphere(1.0);
glPopMatrix();

//有漫反射光和辐射光,无环境光和镜面反射光
glPushMatrix()
glTranslatef(3.75,3.0,0.0);
glMaterialfv(GL_FRONT,GL_AMBIENT,no_mat);
```

```
glMaterialfv(GL_FRONT,GL_DIFFUSE,mat_diffuse);
glMaterialfv(GL_FRONT,GL_SPECULAR,no_mat);
glMaterialfv(GL_FRONT,GL_SHININESS,no_shininess);
glMaterialfv(GL_FRONT,GL_EMISSION,mat_emission);
auxSolidSphere(1.0);
glPopMatrix();
```

7.4.5 颜色材料模式

OpenGL 中提高了函数 glColorMaterial () 也可以改变材质属性。函数原型如下。

Void glColorMaterial(GLenum face,GLenum mode);

该函数通过由 face 指定的材质表面和 mode 指定的材料属性来跟踪当前颜色值。当前颜色 glColor* () 的变化，将立即引起指定材质属性的变化。参数 face 可以取 GL _ FRONT，GL _ BACK，GL _ FRONT _ AND _ BACK（默认值）。参数 mode 可以取 GL _ AMBIENT，GL _ DIFFUSE，GL _ AMBIENT _ AND _ DIFFUSE（默认值），GL _ SPECULAR，GL _ EMISSION。在任意时刻，只有一种模式处于激活状态。

在 glColorMaterial() 调用之后，还必须调用 glEnable() 函数，参数为 GL _ COLOR _ MATERIAL。

【例 7-7】 colormat. c

```
glColorMaterial(GL_FRONT,GL_DIFFUSE);
glEnable(GL_COLOR_MATERIAL);
glColor3f(0.2,0.5,0.8);
auxSolidSphere(2.0);

glColorMaterial(GL_FRONT,GL_SPECULAR);
glColor3f(0.9,0.2,0.2);
auxSolidCube(3.0);
glDisable(GL_COLOR_MATERIAL);
```

7.5 光照计算

本节将介绍 OpenGL 中在 RGBA 模式下确定颜色值所采用的光照计算公式。本节的内容完全是数学理论上的，要真正掌握光照效果，并得到对顶点颜色参数的影响值需要进行大量的编程实践。注意：若光源未被激活，则顶点的颜色就是当前颜色；若激活了光源，则光照计算将在人眼坐标系中执行。

多边形一个顶点产生的颜色计算公式：

顶点颜色＝该顶点发射光的颜色＋由材质环境光属性放大的全局环境光颜色＋从各个光源出发，经过衰减的环境光、散射光和镜面反射光颜色

计算完成后，颜色值将被截取。

(1) 顶点发射光颜色　参数 GL _ EMISSION 的 RGB 值。

(2) 经缩放的全局环境光　全局环境光（GL _ LIGHT _ MODEL _ AMBIENT 定义）与材质环境光（GL _ AMBIENT）属性相乘得到。

$$\text{ambient}_{\text{lightmodel}} \times \text{ambient}_{\text{material}}$$

在公式中，两个参数的相应 RGB 值相乘，得到最终的 RGB 值（R1×R2，G1×G2，B1×B2）。

（3）光源　每个光源对顶点颜色均有作用，计算每个光源的作用按下面公式：

每个光源的效果＝衰减系数×聚光灯效果×(环境光项＋散射光项＋镜面反射光项)

① 衰减系数。

$$衰减系数=\frac{1}{k_c+k_l d+k_q d^2}$$

d＝光源位置与顶点间的距离

k_c＝GL _ CONSTANT _ ATTENUATION

k_l＝GL _ LINER _ ATTENUATION

k_q＝GL _ QUADRATIC _ ATTENUATION

如果光源为方向型，那么衰减系数为 1。

② 聚光灯效果。聚光灯效果有三种可能取值。它取决于光源是否为聚光灯、顶点位于聚光灯光照范围之内还是之外。

a. 如果光源不是聚光灯（GL _ SPOT _ CUTOFF 为 180），则聚光灯效果取值为 1。

b. 如果光源是聚光灯，但顶点位于光照范围之外，则聚光灯效果取值为 0。

c. 如果光源是聚光灯，但顶点位于光照范围之内，则聚光灯效果取值为下式

$$(\max\{\boldsymbol{v}\cdot\boldsymbol{d},0\})^{\text{GL\_SPOT\_EXPONENT}}$$

式中，$\boldsymbol{v}=(v_x,v_y,v_z)$ 为从聚光灯（GL _ POSITION）指向顶点的单位向量；$\boldsymbol{d}=(d_x,d_y,d_z)$ 为聚光灯的方向（GL _ SPOT _ DIRECTION）。

两个向量的点积与它们夹角的余弦成正比，物体在轴线上的亮度最大，离开轴线，亮度随夹角的余弦正比例下降。

OpenGL 用 $\max\{\boldsymbol{v}\cdot\boldsymbol{d},0\}$ 确定某个顶点是否位于聚光灯照明锥体间内，如果该值小于聚光灯终止角度的余弦值，则表明顶点位于照明区之外；否则位于照明区之内。

③ 环境光项。环境光项就是光线中的环境光颜色和材质的环境光属性相乘的结果。

$$\text{ambient}_{\text{light}} \times \text{ambient}_{\text{material}}$$

④ 散射光项。散射光项需要考虑光线是否在该顶点上、入射光的散射光颜色以及材质的散射光属性。

$$(\max\{\boldsymbol{L}\cdot\boldsymbol{n},0\})\times \text{diffuse}_{\text{light}} \times \text{diffuse}_{\text{material}}$$

式中，$\boldsymbol{L}=(L_x,L_y,L_z)$ 是从顶点指向光源（GL _ POSITION）的单位向量；$\boldsymbol{n}=(n_x,n_y,n_z)$ 是顶点的单位法线向量。

⑤ 镜面反射光项。镜面反射光项取决于光线是否直接照在该顶点上。如果 $\boldsymbol{L}\times\boldsymbol{n}$ 小于等于 0，则此顶点上没有镜面反射。若存在镜面发射，它由下面因素决定。

a. 顶点的单位法线向量 (n_x,n_y,n_z)。

b. 两个单位向量的和 $\boldsymbol{s}=(s_x,s_y,s_z)$：从顶点指向光源位置；从顶点指向视点。

c. 镜面反射系数（GL _ SHININESS）。

d. 光的镜面反射颜色（GL _ $\text{SPECULAR}_{\text{light}}$）。

e. 材质的镜面反射属性（GL _ $\text{SPECULAR}_{\text{material}}$）。

因此，镜面反射光项的计算为

$$(\max\{\boldsymbol{s}\cdot\boldsymbol{n},0\})^{\text{shininess}}\times \text{specular}_{\text{light}}\times \text{specular}_{\text{material}}$$

⑥ 求和。根据前面对各项的定义，得出 RGBA 模式下整个光照计算公式：

$$\text{顶点颜色}=\text{emission}_{\text{material}}+\text{ambient}_{\text{lightmodel}}\times \text{ambient}_{\text{material}}+$$

$$\sum_{i=0}^{n-1}\left(\frac{1}{k_{\text{c}}+k_{\text{l}}d+k_{\text{q}}d^{2}}\right)\times(\text{spotlight effect})\times[\ \text{ambient}_{\text{light}}\times \text{ambient}_{\text{material}}+$$

$$(\max\{\boldsymbol{L}\cdot\boldsymbol{n},0\})\times \text{diffuse}_{\text{light}}\times \text{diffuse}_{\text{material}}+$$

$$(\max\{\boldsymbol{s}\cdot\boldsymbol{n},0\})^{\text{shininess}}\times \text{specular}_{\text{light}}\times \text{specular}_{\text{material}}]_{\text{i}}$$

⑦ 分离镜面颜色。如果参数 GL_SEPARATE_SPECULAR_COLOR 是当前的光照模型颜色控制，那么对于每个顶点而言，都会产生一个主颜色和一个从属颜色，它们的计算公式如下。

主颜色＝在顶点处的材料发射＋由顶点处的材料环境属性缩放的全局环境光＋来自所有光源、正确衰减后的环境作用和散射作用

从属颜色＝来自所有光源、正确衰减后的环境作用和散射作用

在发射纹理映射时，仅有主颜色和纹理颜色结合。当完成纹理操作后，在主颜色和纹理颜色结合值之上，再加上从属颜色。

习题 7

7-1 OpenGL 中的光照由哪几部分组成？各有什么特点？

7-2 OpenGL 中，激活光照的函数是什么？

7-3 编程题：对书中例 7-1 添加代码，增加一个立方体模型和一个光源。

8 显示列表

OpenGL 命令的基本执行模式是直接模式，命令一经发送就被立即执行。当命令的参数为常量，或对象被反复应用，直接模式就会出现执行效率过低的问题。为此，OpenGL 提供了显示列表。显示列表是存储起来的一系列 OpenGL 命令。引用显示列表后，程序按顺序执行其中的 OpenGL 命令，这些命令是经过编译的，从而可以提供执行效率。

8.1 显示列表使用范例

［例 8-1］是绘制一个环面，并且从不同的角度观察。实现该例子最有效的方法是在显示列表中存储一个环面。这样不管什么时候想改变视图，都可以改变模型视图矩阵，执行显示列表来绘制环面。

【例 8-1】 显示列表范例 torus. c。

```
GLuint listName;
GLfloat xRot=0,yRot=0;

Void init()
{
listName=glGenLists(1);
glNewList(listName,GL_COMPILE);
glColor3f(1.0,0.0,0.0);
glutSolidTorus(5.0,8.0);
glTranslatef(1.5,0.0,0.0);
glEndList();
glShadeModel(GL_FLAT);
}
Void display()
{
GLuint i;
glClear(GL_COLOR_BUFFER_BIT);

for(i=0;i<10;i++)
    glCallList(listName);
glRotatef(xRot,1.0,0.0,0.0);
glRotatef(yRot,0.0,1.0,0.0);
```

```
glFlush;
}
void SpecialKeys(int key,int x,int y)
    {
    if(key==‘x’)
        xRot-=5.0f;

    if(key==’X’)
        xRot +=5.0f;

    if(key==‘y’)
        yRot-=5.0f;

    if(key==‘Y’)
        yRot+=5.0f;

    //Refresh the Window
    glutPostRedisplay();
    }
```

在该例中，init () 函数创建了一个用于绘制环面的显示列表，并且初始化 OpenGL 渲染状态。绘制环面的子函数 torus() 由 glNewList() 和 glEndList() 函数包含起来定义一个显示列表。glNewList () 函数的变量 ListName 是一个整数索引，由 glGenList () 函数生成，它是显示列表的标识符。

当窗口处于输入焦点时，用户通过按键“x”和“y”控制圆环绕 x 轴或 y 轴旋转，旋转矩阵和模型视图矩阵相结合，并产生变化使 glutMainLoop() 函数调用 display() 函数，渲染圆环。

Display() 函数非常简单，清空窗口后，调用 glCallList() 执行显示列表中的命令。如果不使用显示列表，就必须每次都重新发布绘制圆环的命令。

显示列表中仅仅包含 OpenGL 函数，例［8-1］中，显示列表中仅仅保存了对 glBegin ()，glVertex() 和 glEnd() 函数的调用。这些函数的调用参数是预先定义好的，创建显示列表时，参数值拷入显示列表中。所以创建圆环的三角函数只运行这一次，这样可以提高渲染性能。因此，显示列表中的值在以后不能被改变，一旦将命令保存进显示列表，就不能再删除它。在定义了显示列表后，也不能增加新的命令。可以删除整个显示列表，然后创建一个新的显示列表，但不能编辑已有的显示列表。

8.2 显示列表的创建和执行

8.2.1 显示列表的创建

在程序中，每一个显示列表都有一个整数值来索引，如果有多个显示列表时，必须注意各自的整数索引值不能重复，为避免重复可能，可以使用 glGenLists () 命令自动产生未被使用的索引值。

◆ GLuint glGenLists(glSizei range)；

该函数分配 range 个相邻的、未曾分配过的显示列表索引。返回的整数是一个索引值，该索引值标志着相邻空显示列表块的起始位置。如果请求的索引值无效，或者 range 值为零，则函数返回零。

下面的例子需要一个索引，并判断索引可行时，创建新的显示列表。

```
ListIndex=glGenLists(1)；
If (ListIndex! =0){
glNewList(ListIndex,GL_COMPILE)；
…
glEndList()；
  }
```

创建显示列表的函数如下。

◆ Void glNewLists(GLuint list ,GLenum mode)；

功能：标明显示列表的起始位置。

参数 list 为显示列表的名字；参数 mode 是显示列表的编辑模式，它有以下两种选择。

GL _ COMPILE：显示列表中的命令只编译并不立即执行。

GL _ COMPILE _ AND _ EXECUTE：编译显示列表并立即执行。

显示列表创建结束函数如下。

◆ Void glEndList()；

功能：标志显示列表结束位置。

8.2.2 执行显示列表

在创建了显示列表之后，就可以通过调用 glCallList() 来执行显示列表。

◆ Void glCallList(GLuint list)；

功能：调用一个名为 list 的显示列表。

参数 list 为被调用的显示列表的索引标识。

调用 glCallList 时，OpenGL 的状态不被存储和返回，显示列表执行过程中 OpenGL 状态的改变在显示列表执行完成后仍将保留，为解决这一问题，可以用 glPushAttrib()，glPopAttrib() 和 glPushMatrix()，glPopMatrix 存储和恢复 OpenGL 状态。

可以在显示列表中使用 glCallList 调用其他已创建的显示列表，实现显示列表的嵌套。如果需要绘制的图形由多个部分组成时，某些部分又被多次使用，就可以使用显示列表嵌套来提高执行效率。最大嵌套层数为 64。

8.3 执行多显示列表

OpenGL 提供了顺序执行多个显示列表的机制，执行多个显示列表时首先要用 glListBase() 为 glCallLists() 设置显示列表基数，执行 n 个显示列表，这些显示列表的指数是由基数加上当前偏移量组成。

◆ Void glListBase(GLuint base)；

功能：为显示列表设置基数。

参数 base 为整数偏移量，初始值为 0。

◆ Void glCallLists(GLsizei n,GLenum type,const GLvoid* lists);

功能：执行 *n* 个显示列表。

参数 n 代表 *n* 个显示列表；参数 type 为 lists 值的类型，可为 GL _ BYTE，GL _ UNSIGNED _ BYTE，GL _ SHORT，GL _ UNSIGEND _ SHORT，GL _ INT，GL _ UNSIGNED _ INT，GL _ FLOAT。还可以是 GL _ 2 _ BYTES，GL _ 3 _ BYTES，GL _ 4 _ BYTES，分别代表从 lists 读取的 2，3，4 字节的偏移量。

Lists 表示显示列表偏移量的名称矩阵地址。

所执行的列表索引值是当前显示列表基指明的偏移量加上 lists 指向的数组中的有符号整数之和。

对于多字节数据，由于各字节是顺次从数组中取出，所以最先得到的是高字节数据。

【例 8-2】 定义多显示列表。

```
GLuint base;

base=glGenLists(128);
glListBase(base);
glNewList(base+'A',GL_COMPILE);
drawLetter(Adata);
glEndList();
glNewList(base+'E',GL_COMPILE);
drawLetter(Edata);
glEndList();
glNewList(base+'S',GL_COMPILE);
drawLetter(Sdata);
glEndList();
glNewList(base+'',GL_COMPILE);
glTranslatef(8.0,0.0,0.0);
glEndList();
```

8.4 管理显示列表的状态变量

显示列表中可以包括 OpenGL 状态改变命令。如有这些命令，在显示列表指行结束后，该状态一直保持。如例［8-4］执行显示列表后状态一直保持。

【例 8-3】 显示列表对状态的影响。

```
glNewList(listIndex,GL_COMPILE);
glColor3f(1.0,0.0,0.0);
glBegin(GL_POLYGON);
glVertex2f(0.0,0.0);
glVertex2f(1.0,0.0);
glVertex2f(0.0,1.0);
```

```
glEnd();
glTranslatef(1.5,0.0,0.0);
glEndList();

glCallList(listIndex);
glBegin(GL_LINES);
glVertex2f(2.0,-1.0);
glVertex2f(1.0,0.0);
glEnd();
```

在上面的例子中红色设置被延续画出线段。如果不希望显示列表的状态影响后面程序的状态，必须使用 glPushAttrib () 和 glPopAttrib () 函数。

【例 8-4】 在显示列表中恢复状态。

```
glNewList(listIndex,GL_COMPILE);
glPushMatrix();
glPushAttrib(GL_CURRENT_BIT);
glColor3f(1.0,0.0,0.0);
glBegin(GL_POLYGON);
glVertex2f(0.0,0.0);
glVertex2f(1.0,0.0);
glVertex2f(0.0,1.0);
glEnd();
glTranslatef(1.5,0.0,0.0);
glPopAttrib();
glPopMatrix();
glEndList();

void display(void)
{
    Glint I;

    glClear(GL_COLOR_BUFFER_BIT);
    glColor3f(0.0,1.0,0.0);
for(i=0;i<10;i++)
glCallList(listIndex);

glBegin(GL_LINES);
glVertex2f(2.0,-1.0);
glVertex2f(1.0,0.0);
glEnd();
```

```
glFlush();
}
```

通过上面的函数可以得到一个绿色的、没有平移的直线。

习题 8

8-1 为什么要使用显示列表?

8-2 显示列表的创建和执行函数分别是什么?

8-3 编程题：使用显示列表画出如图 8-1 所示的图形。

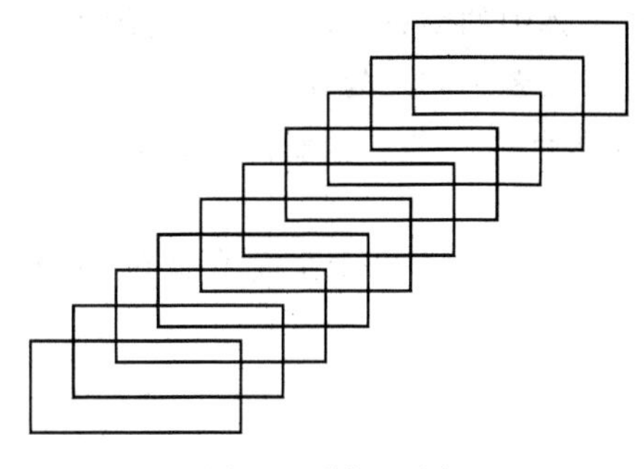

图 8-1 题 8-3 图

9 位图和图像

OpenGL 除了对几何数据——点、线和多边形的渲染，还能够渲染另外两类对象：位图和图像。位图：主要应用于各字体中的字符。图像：主要用于增加场景的真实感。位图和图像都是以像素的矩阵形式表示。二者不同之处如下。

① 位图是单色的，每个像素点用 0 和 1 控制绘制；而图像数据则包含每个像素点的多个信息（包括 RGBA 信息）。

② 位图可以用于遮盖其他图像；而图像则是简单地覆盖或混合先前存于帧缓存的数据。

9.1 位图和字体

位图常用于在屏幕上绘制字符。一个位图就是对一块矩形区域内的像素点进行开或关作用。例如绘制字符 F，图 9-1 显示了作为位图字符 F 和其相应的位图数据，如果当前颜色为红色，则在位图数据中为 1 的地方用红色取代，为 0 的地方不变。

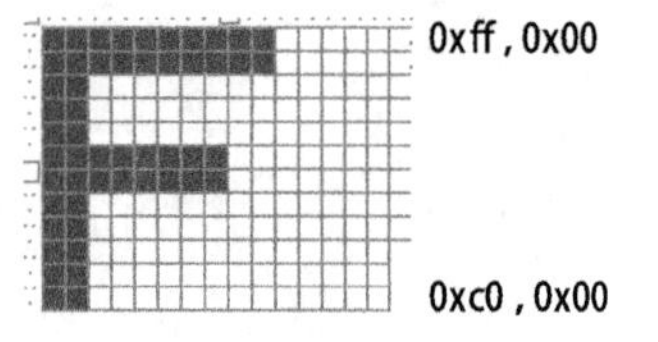

图 9-1　位图 F 及其数据

OpenGL 采用函数 glRasterPos*() 和 glBitmap() 可在屏幕上定位并绘制单个位图。

9.1.1 当前光栅位置

当前光栅位置是确定将要绘制的位图或图像的原点。函数原型：

◆ Void glRasterPos{234}{sifd}(TYPE x,TYPE y,TYPE z,TYPE w);

◆ Void glRasterPos{234}{sifd}v(TYPE* coords);

功能：设置当前光栅位置。

参数 x，y，z 和 w 指定了光栅位置的坐标。如果使用 glRasterPos2*() 的形式，z 将被隐式地设置为 0，而 w 则被隐式地设置为 1；glRasterPos3*() 类似，w 被隐式地设置为 1。

当前光栅坐标经变换后可能超出了视口范围，将被裁减掉，此时设置的当前光栅位置是无效的。

为了得到当前光栅位置，可使用查询函数 glGetFloatv()，其第一个参数 GL_CURRENT_RASTER_POSITION，第二个参数是一个指针，指向一个（x，y，z，w）数组。

为了确定当前的光栅位置是否有效，使用函数 glGetBooleanv()，并将 GL_CURRENT_RASTER_POSITION_VALID 作为其第一个参数。

9.1.2 绘制位图

OpenGL 中调用 glBitmap() 函数来绘制位图。函数原型如下。

◆ Void glBitmap(GLsizei width,GLsizei height,GLfloat x0,GLfloat y0,GLfloat xi,GLfloat yi, const GLubyte* bitmap);

功能：绘制由 bitmap 所指定的位图。

参数：bitmap 是指向位图图像的指针。Width 和 height 两个参数指定了以像素为单位的位图的宽和高。x0，y0 定义了位图的原点；xi，yi 指明了下一次位图光栅起点。同时 xi 和 yi 的确定与文体的书写方式有关。例如：现代书写顺序是从左到右，从上到下书写，则 yi=0，xi>0；对于从右到左按列书写方式，可设置 xi=0，yi<0；少数文字从右到左书写，则设置 xi<0，yi=0。

位图不能应用在开旋转的字体上，因为位图总是沿着帧缓冲器的 x 和 y 轴绘制的，另外，位图不能放大和缩小。

【例 9-1】 绘制位图化的字符：drawf. c。

```
#include<windows.h>
#include<gl/glut.h>

GLubyte rasters[24]={
  0xc0,0x00,0xc0,0x00,0xc0,0x00,0xc0,0x00,0xc0,0x00,
  0xff,0x00,0xff,0x00,0xc0,0x00,0xc0,0x00,0xc0,0x00,
  0xff,0xc0,0xff,0xc0};

void init(void)
{
  glPixelStorei(GL_UNPACK_ALIGNMENT,1);
  glClearColor(0.0,0.0,0.0,0.0);
}

void display(void)
{
  glClear(GL_COLOR_BUFFER_BIT);
  glColor3f(1.0f,0.0f,0.0f);
  glRasterPos2i(20,150);
  for(int i=0;i<3;++i)
      glBitmap(10,12,0.0,0.0,11.0,0.0,rasters);
  glFlush();
}

void reshape(int w,int h)
{
  glViewport(0,0,(GLsizei)w,(GLsizei)h);
  glMatrixMode(GL_PROJECTION);
  glLoadIdentity();
  glOrtho(0,w,0,h,-1.0,1.0);
  glMatrixMode(GL_MODELVIEW);
```

```
}

int main(int argc,char * * argv)
{
  glutInit(&argc,argv);
  glutInitDisplayMode(GLUT_SINGLE | GLUT_RGB);
  glutInitWindowSize(300,300);
  glutInitWindowPosition(100,100);
  glutCreateWindow(argv[0]);
  init();
  glutReshapeFunc(reshape);
  glutDisplayFunc(display);

  glutMainLoop();
  return 0;
}
```

图 9-2 字体绘制效果

程序运行效果如图 9-2 所示。

9.1.3 选择位图颜色

绘制几何图元指定颜色采用 glColor* () 函数，绘制位图的颜色由调用 glRasterPos* () 函数前的颜色决定，例如下面的代码，位图是什么颜色？

```
glColor3f(1.0,1.0,1.0);//white
glRasterPos2f(10.0,20.0);
glColor3f(1.0,0.0,0.0);//red
glBitmap(...);
```

实际使用中位图的颜色是白色，而不是红色。这是因为，当调用 glRasterPos2f() 时，使 GL _ CURRENT _ RASTER _ COLOR 参数设为白色，对第二次调用 glColor3f () 函数，只改变了几何渲染颜色 GL _ CURRENT _ COLOR 的值，但是用于渲染位图的颜色并不变。

9.1.4 字符集和字体使用

一种字体通常是由一个字符集合和一种绘制方法组成。对标准的 ASCII 字符集，字母 A 是数字 65，B 是 66，因此可以简单地利用显示列表数字 65 来绘制 A，数字 66 绘制 B，那么绘制字符串“OpenGL”，只要执行相应的显示列表即可。

在绘制字符串时，执行显示列表操作采用函数：

Void glCallLists (GLsizei n，GLenum type ，GLvoid* lists)；

参数 n 说明将要绘制的字符个数；type 是 GL _ BYTE；lists 是一个字符码数组。

在很多应用中，需要用不同的字体和不同尺寸绘制字符，上述简单处理实际上并不方便。我们希望无论哪种字体，65 均代表 A，可以作如下处理：每一个字符串加一个偏移量并选择显示列表。在字体 1 中 A，B，C…的编码为 1065，1066，1067，…，而在字体 2 中为 2065，2066，2067，…；然后，使用字体 1 时，设置偏移量为 1000，并用显示列表画 65，66，67。当使用字体 2 时，可使用同一显示列表，只需将偏移量设置为 2000。

使用这种方法，需要用命令 glListBase() 来设置偏移量。可以把 1000 或 2000 作为参数来调用。然后需要的是相邻的未被占用的显示列表数，这可以通过命令 glGenLists() 得到。

Gluint glGenLists(GLsizei range);

该函数返回一组 range 个显示列表表示符。返回的列表全部标记为已被使用。如果 glGenLists () 找不到要求长度的、未被使用的标识符，则返回值为 0。

汉字编码不止一个字节，OpenGL 允许字符串由单字节、双字节、三字节甚至四字节的字符组成，使用函数 glCallLists () 的 type 类型指定。Type 的取值包括：

GL_BYTE　GL_UNSIGNED_BYTE
GL_SHORT　GL_UNDIGNED_SHORT
GL_INT　GL_UNSIGNED_INT
GL_FLOAT　GL_2_BYTES
GL_3_BYTES　GL_4_BYTES

【例 9-2】 定义一个完整的字体：font. c。

```
#include <gl/glut.h>

#include<stdlib.h>
#include <string.h>

GLubyte space[]={0x00,0x00,0x00,0x00,0x00,0x00,0x00,0x00,0x00,0x00,0x00,0x00,
0x00};
GLubyte letters[][13]={
    {0x00,0x00,0xc3,0xc3,0xc3,0xc3,0xff,0xc3,0xc3,0xc3,0x66,0x3c,0x18},
    {0x00,0x00,0xfc,0xc7,0xc3,0xc3,0xc7,0xfc,0xc7,0xc3,0xc3,0xc7,0xfe},
    {0x00,0x00,0x7e,0xe7,0xc0,0xc0,0xc0,0xc0,0xc0,0xc0,0xc0,0xe7,0x7e},
    {0x00,0x00,0xfc,0xce,0xc7,0xc3,0xc3,0xc3,0xc3,0xc3,0xc7,0xce,0xfc},
    {0x00,0x00,0xff,0xc0,0xc0,0xc0,0xc0,0xfc,0xc0,0xc0,0xc0,0xc0,0xff},
    {0x00,0x00,0xc0,0xc0,0xc0,0xc0,0xc0,0xc0,0xfc,0xc0,0xc0,0xc0,0xff},
    {0x00,0x00,0x7e,0xe7,0xc3,0xc3,0xcf,0xc0,0xc0,0xc0,0xc0,0xe7,0x7e},
    {0x00,0x00,0xc3,0xc3,0xc3,0xc3,0xff,0xc3,0xc3,0xc3,0xc3,0xc3,0xc3},
    {0x00,0x00,0x7e,0x18,0x18,0x18,0x18,0x18,0x18,0x18,0x18,0x18,0x7e},
    {0x00,0x00,0x7c,0xee,0xc6,0x06,0x06,0x06,0x06,0x06,0x06,0x06,0x06},
    {0x00,0x00,0xc3,0xc6,0xcc,0xd8,0xf0,0xe0,0xf0,0xd8,0xcc,0xc6,0xc3},
    {0x00,0x00,0xff,0xc0,0xc0,0xc0,0xc0,0xc0,0xc0,0xc0,0xc0,0xc0,0xc0},
    {0x00,0x00,0xc3,0xc3,0xc3,0xc3,0xc3,0xc3,0xdb,0xff,0xff,0xe7,0xc3},
    {0x00,0x00,0xc7,0xc7,0xcf,0xcf,0xdf,0xdb,0xfb,0xf3,0xf3,0xe3,0xe3},
    {0x00,0x00,0x7e,0xe7,0xc3,0xc3,0xc3,0xc3,0xc3,0xc3,0xc3,0xe7,0x7e},
    {0x00,0x00,0xc0,0xc0,0xc0,0xc0,0xc0,0xfe,0xc7,0xc3,0xc3,0xc7,0xfe},
    {0x00,0x00,0x3f,0x6e,0xdf,0xdb,0xc3,0xc3,0xc3,0xc3,0xc3,0x66,0xc3},
    {0x00,0x00,0xc3,0xc6,0xcc,0xd8,0xf0,0xfe,0xc7,0xc3,0xc3,0xc7,0xfe},
```

```
    {0x00,0x00,0x7e,0xe7,0x03,0x03,0x07,0x7e,0xe0,0xc0,0xc0,0xe7,0x7e},
    {0x00,0x00,0x18,0x18,0x18,0x18,0x18,0x18,0x18,0x18,0x18,0x18,0xff},
    {0x00,0x00,0x7e,0xe7,0xc3,0xc3,0xc3,0xc3,0xc3,0xc3,0xc3,0xc3,0xc3},
    {0x00,0x00,0x18,0x3c,0x3c,0x66,0x66,0xc3,0xc3,0xc3,0xc3,0xc3,0xc3},
    {0x00,0x00,0xc3,0xe7,0xff,0xff,0xdb,0xdb,0xc3,0xc3,0xc3,0xc3,0xc3},
    {0x00,0x00,0xc3,0x66,0x66,0x3c,0x3c,0x18,0x3c,0x3c,0x66,0x66,0xc3},
    {0x00,0x00,0x18,0x18,0x18,0x18,0x18,0x18,0x3c,0x3c,0x66,0x66,0xc3},
    {0x00,0x00,0xff,0xc0,0xc0,0x60,0x30,0x7e,0x0c,0x06,0x03,0x03,0xff},
};

GLuint fontoffset;

void makeRasterFont(void)
{
    GLuint i,j;
    glPixelStorei(GL_UNPACK_ALIGNMENT,1);

    fontoffset=glGenLists(128);
    for(i=0,j='A';i<26;i++,j++){
        glNewList(fontoffset+j,GL_COMPILE);
        glBitmap(8,13,0.0,0.0,10.0,0.0,letters[i]);
        glEndList();
    }
    glNewList(fontoffset +'',GL_COMPILE);
    glBitmap(8,13,0.0,0.0,10.0,0.0,space);
    glEndList();
}

void init(void)
{
    glClearColor(0.0,0.0,0.0,1.0);
    glShadeModel(GL_FLAT);
    makeRasterFont();
}

void printString(char* s)
{
    glPushAttrib(GL_LIST_BIT);
```

```
    glListBase(fontoffset);
    glCallLists(strlen(s),GL_UNSIGNED_BYTE,(GLubyte* )s);
    glPopAttrib();
}

void display(void)
{
    glClear(GL_COLOR_BUFFER_BIT);
    glColor3f(1.0f,1.0f,1.0f);
    glRasterPos2i(20,50);
    printString("THE FONT EXAMPLE");
    glRasterPos2i(20,30);
    printString("A");
    glFlush();
}

void reshape(int w,int h)
{
    glViewport(0,0,(GLsizei)w,(GLsizei)h);
    glMatrixMode(GL_PROJECTION);
    glLoadIdentity();
    glOrtho(0,w,0,h,-1.0,1.0);
    glMatrixMode(GL_MODELVIEW);
}

void keyboard(unsigned char key,int x,int y)
{
    switch(key){
    case 27:exit(0);
    }
}

int main(int argc,char* argv[])
{
      glutInit(&argc,argv);
    glutInitDisplayMode(GLUT_SINGLE|GLUT_RGB);
    glutInitWindowSize(300,200);
      glutInitWindowPosition(100,100);
```

```
    glutCreateWindow("Fonts Example");
      init();
    glutReshapeFunc(reshape);
    glutDisplayFunc(display);
      glutKeyboardFunc(keyboard);
    glutMainLoop();

      return 0;
}
```

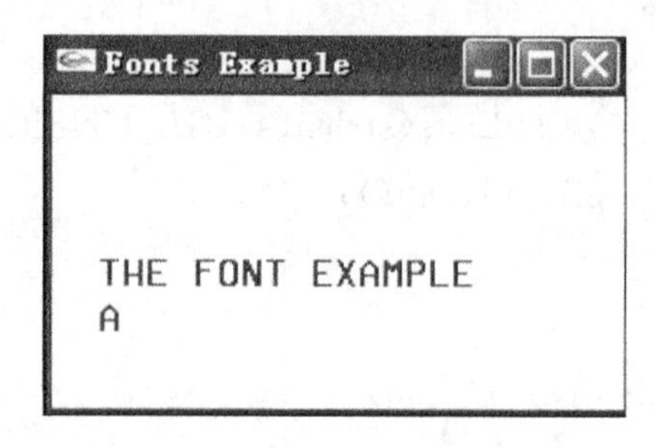

图 9-3　字符串显示

运用该程序在屏幕上显示了字符串，如图 9-3 所示。

9.2　图像

图像同位图相似，但它不是用 1 位来标识像素点，图像包含了更多信息。例如：图像可以存储每个像素点的 RGBA 值。

像素数据读写及拷贝　OpenGL 提供了处理图像数据的三个基本命令。

(1) 从帧缓存中读出像素的矩形阵列数据，并存储到处理器内存中

Void glReadPixels(Glint x,Glint y,GLsizei width,GLsizei height,GLenum format,GLenum type,GLvoid* pixels);

该函数从帧缓存中读取像素数据。参数（x，y）用于定义图像矩阵区域左下角坐标。Width 和 height 描述图像的宽和高，pixels 是指向图像数据数组的指针。参数 format 指明了要读取的像素数据的格式，如表 9-1 所示。Type 指明了每一元素的数据类型，如表 9-2 所示。

表 9-1　format 像素格式

Format 取值	说　明	Format 取值	说　明
GL_COLOR_INDEX	单色索引	GL_BLUE	蓝色分量
GL_RGB	红、绿、蓝分量	GL_ALPHA	单个 alpha 值
GL_RGBA	红、绿、蓝及 alpha 分量	GL_LUMINANCE_ALPHA	亮度分量和 alpha 值
GL_RED	红色分量	GL_STENCIL_INDEX	模板索引
GL_GREEN	绿色分量	GL_DEPTH_COMONENT	深度分量

表 9-2　type 数据类型

Type 取值	说　明	Type 取值	说　明
GL_UNSIGNED_BYTE	无符号 8 位整数	GL_SHORT	16 位整数
GL_BYTE	8 位整数	GL_UNSIGNED_INT	无符号 32 位整数
GL_BITMAP	无符号 8 位整数数组单个字位	GL_INT	32 位整数
GL_UNSIGNED_SHORT	无符号 16 位整数	GL_FLOAT	单精度浮点数

(2) 从处理器内存中写入像素数据到帧缓存中

Void glDrawPixels(GLsizei width,GLsizei height,GLenum format,GLenum type,const GLvoid* pixels);

该函数绘制一个尺寸为 width×height 的像素数据矩形。像素矩形的左下角位于当前光栅位置。参数 format 和 type 与 glReadPixels() 具有相同的意义。如果当前的光栅位置是无效的，则进行空操作，并在调用之后仍保持无效。

(3) 从帧缓存中拷贝像素数据

Void glCopyPixels(Glint x,Glint y,GLsizei width,GLsizei height,GLenum buffer);

此函数从帧缓存矩形区域中拷贝像素数据，该帧缓存矩形的左下角为 (x, y)，尺寸为 width 和 height。数据被拷贝到一个新的矩形区域内，左下角坐标由当前光栅位置指定。参数 buffer 可以是 GL _ COLOR，GL _ STENCIL 或 GL _ DEPTH。

9.3 图像存储、变换和映射操作

9.3.1 设置像素存储模式

所有像素存储模式都由 glPixelStore* () 函数设置，函数原型如下。

◆ void glPixelStore{if}(GLenum pname,TYPE param);

功能：设置像素存储模式。

参数 pname 为设置参数名，可为影响向内存压缩像素数据的常量 GL _ PACK 类（如表 9-3 所示），或影响从内存解压缩像素数据的常量 GL _ UNPACK 类（如表 9-4 所示）。参数 Param 为参数 pname 的值。

表 9-3 参数 pname 中 GL _ PACK 数据类

pname 取值	说　明
GL_PACK_SWAP_BYTES	若为真,则像素各组字节顺序要颠倒,但不影响各组之间的排序。
GL_PACK_LSB_FIRST	若为真,则每个字节内的位按低到高顺序排列。
GL_PACK_ROW_LENGTH	若大于 0,则定义一行中像素数目。
GL_PACK_SKIP_PIXELS	=i,相当于指针增量 i×n 个组分。n 为一个像素的组分。
GL_PACK_SKIP_ROWS	=j,相当于指针增量 j×k 个组分。k 为一行像素的组分。
GL_PACK_ALIGNMENT	=1:字节对齐; =2:偶数字节行对齐; =4:字对齐; =8:双字对齐。

表 9-4 参数 pname 中 GL _ UNPACK 数据类

pname 取值	说　明
GL_UNPACK_SWAP_BYTES	若为真,则像素各组字节顺序要颠倒,但不影响各组之间的排序。
GL_UNPACK_LSB_FIRST	若为真,则每个字节内的位按低到高顺序排列。
GL_UNPACK_ROW_LENGTH	若大于 0,则定义一行中像素数目。
GL_UNPACK_SKIP_PIXELS	=i,相当于指针增量 i×n 个组分。N 为一个像素的组分。
GL_UNPACK_SKIP_ROWS	=j,相当于指针增量 j×k 个组分。k 为一行像素的组分。
GL_UNPACK_ALIGNMENT	=1:字节对齐; =2:偶数字节行对齐; =4:字对齐; =8:双字对齐。

9.3.2 像素传递操作

在从内存到帧缓存传递图像数据时，或者从帧缓存到内存传递数据时，OpenGL 可以对像素执行各种操作。例如，颜色分量的范围可以改变——红色分量本应在 0.0～1.0 之间，有时可能希望改变这些值范围。在像素到帧缓存的传递过程中，这些转换称为像素传递转换。它由 glPixelStore* () 设置，函数原型如下。

◆ void glPixelTransfer{if}(GLenum pname,TYPE param);

功能：设置像素传递模式。影响 glDrawPixel(),glReadPixel(),glCopyPixel(),glTexImageID(),glTexImage2D()，以及 glGetTexImage() 操作。

参数 pname 的取值如表 9-5 所示，它的值 param 需在有效范围内。

表 9-5 参数 pname 列表

pname 取值	类 型	初 值	有效范围
GL_MAP_COLOR	GLboolean	FALSE	TRUE/FALSE
GL_MAP_STENCIL	GLboolean	FALSE	TRUE/FALSE
GL_INDEX_SHIFT	Glint	0	(−∞,∞)
GL_INDEX_OFFSET	Glint	0	(−∞,∞)
GL_RED_SCALE	GLfloat	1.0	(−∞,∞)
GL_GREEN_SCALE	GLfloat	1.0	(−∞,∞)
GL_BLUE_SCALE	GLfloat	1.0	(−∞,∞)
GL_ALPHA_SCALE	GLfloat	1.0	(−∞,∞)
GL_DEPTH_SCALE	GLfloat	1.0	(−∞,∞)
GL_RED_BIAS	GLfloat	0	(−∞,∞)
GL_GREEN_BIAS	GLfloat	0	(−∞,∞)
GL_BLUE_BIAS	GLfloat	0	(−∞,∞)
GL_ALPHA_BIAS	GLfloat	0	(−∞,∞)
GL_DEPTH_BIAS	GLfloat	0	(−∞,∞)

9.3.3 像素映射操作

所有的颜色分量、颜色索引和模板索引在放入屏幕内存之前，都可以通过表查询进行修改。控制该映射的函数是 glPixelMap()。映射函数原型如下。

◆ void glPixelMap{ui us f}v(GLenum map,Glint mapsize,const TYPE* values);

功能：设置像素映射模式。

该函数加载由 mapsize 个 map 确定的像素映射，其值由指针 values 指定。默认的 mapsize 都为 1，而默认的 values 都为 0；表 9-6 列出了映射的名称和值。每个映射的尺寸 (mapsize) 必须为 2 的幂。

表 9-6 像素映射名称及值列表

映射名称	地 址	值
GL_PIXEL_MAP_I_TO_I	颜色索引	颜色索引
GL_PIXEL_MAP_S_TO_S	模板索引	模板索引
GL_PIXEL_MAP_I_TO_R	颜色索引	R
GL_PIXEL_MAP_I_TO_G	颜色索引	G
GL_PIXEL_MAP_I_TO_B	颜色索引	B
GL_PIXEL_MAP_I_TO_A	颜色索引	A
GL_PIXEL_MAP_R_TO_R	R	R
GL_PIXEL_MAP_G_TO_G	G	G
GL_PIXEL_MAP_B_TO_B	B	B
GL_PIXEL_MAP_A_TO_A	A	A

9.3.4 图像的放大、缩小或翻转

在应用像素存储模式和像素转换操作之后，图像和位图进行了光栅化操作。通常图像中的每个像素对应写入屏幕上的一个像素。但是，OpenGL 也提供了命令 glPixelZoom ()，用以对图像进行任意的放大和缩小，甚至将图像翻转过来。

◆ void glPixeZoom(GLfloat zoomx,GLfloat zoomy)；

该函数在 x 和 y 方向上，设置了每一次像素写操作的放大和缩小因子。Zoomx 和 zoomy 的默认值为 1.0。如果它们的值都是 2.0，每个图像像素就被画到 4 个屏幕像素上去。注意，放大或缩小因子可以是负数或小数。负数反射当前光栅位置结果图像。

【例 9-3】 绘制、拷贝及缩放图像数据：image. c。

```
#include <windows. h>
#include <gl/glut. h>

#define checkImageWidth 64
#define checkImageHeight 64
GLubyte checkImage[checkImageHeight][checkImageWidth][3];

static GLdouble zoomFactor=1.0;
static GLint width,height;

void makeCheckImage(void)
{
  int i,j,c;

  for(i=0;i<checkImageHeight;++i)
  {
        for(j=0;j<checkImageWidth;++j)
        {
          c=((((i&0x8)==0)^((j&0x8))==0))*255;
          checkImage[i][j][0]=(unsigned char)c;
          checkImage[i][j][1]=(unsigned char)c;
          checkImage[i][j][2]=(unsigned char)c;
        }
}
}

void init(void)
{
  glPixelStorei(GL_UNPACK_ALIGNMENT,1);
  glShadeModel(GL_FLAT);
  makeCheckImage();
```

```
    glClearColor(0.0,0.0,0.0,0.0);
}

void display(void)
{
    glClear(GL_COLOR_BUFFER_BIT);
    glRasterPos2i(0,0);
    glDrawPixels(checkImageWidth, checkImageHeight, GL_RGB, GL_UNSIGNED_
BYTE,checkImage);
    glFlush();
}

void reshape(int w,int h)
{
    glViewport(0,0,(GLsizei)w,(GLsizei)h);
    width=(GLint)w;
    height=(GLint)h;
    glMatrixMode(GL_PROJECTION);
    glLoadIdentity();
    gluOrtho2D(0,w,0,h);
    glMatrixMode(GL_MODELVIEW);
    glLoadIdentity();
}

void motion(int x,int y)
{
    static GLint screeny;

    screeny=height-(GLint)y;
    glRasterPos2i(x,screeny);
    glPixelZoom(zoomFactor,zoomFactor);
    glCopyPixels(0,0,checkImageWidth,checkImageHeight,GL_COLOR);
    glPixelZoom(1.0,1.0);
    glFlush();
}

void keyboard(unsigned char key,int x,int y)
{
    switch(key)
    {
    case 'r':
```

```
  case 'R':
        zoomFactor=1.0f;
        glutPostRedisplay();
        break;
  case 'z':
        zoomFactor +=0.5;
        if(zoomFactor >=3.0)
          zoomFactor=3.0;
        break;
  case 'Z':
        zoomFactor-=0.5;
        if(zoomFactor <=0.5)
          zoomFactor=0.5;
        break;
  }
}
int main(int argc,char * * argv)
{
  glutInit(&argc,argv);
  glutInitDisplayMode(GLUT_SINGLE | GLUT_RGB);
  glutInitWindowSize(250,250);
  glutInitWindowPosition(100,100);
  glutCreateWindow(argv[0]);

  init();

  glutReshapeFunc(reshape);
  glutDisplayFunc(display);
  glutKeyboardFunc(keyboard);
  glutMotionFunc(motion);

  glutMainLoop();
  return 0;
}
```

程序运行结果如图 9-4 所示。

图 9-4 图像放大和缩小效果

习题 9

9-1 在屏幕上绘制图像应该使用什么函数？

9-2 在屏幕上进行图像复制应该使用什么函数？

9-3 编程题：先将一个 16×16 的位图数据储存在变量 bitnapData 中，然后在屏幕上的 100 个随机位置显示该位图。

10 纹理映射

在三维图形中，纹理映射（Texture Mapping）的方法运用得很广，尤其描述具有真实感的物体，运用纹理映射可以方便地制作真实感图形，而不必花更多的时间去考虑物体的表面纹理。比如说一张大理石的桌子，其表面的花纹是不规则的，如果花大量的时间去设计这个花纹的话，可能效果也不会非常的好。但是如果采用纹理映射的话则非常方便，可通过扫描仪将大理石的花纹扫成一个位图，然后将花纹纹理贴到大理石形状的位图上面就可以获得很好的效果。

另外，纹理映射能够保证在变换多边形时，多边形上的纹理图案也随之变化。例如，以透视投影方式观察墙面时，离视点远的砖块尺寸就会缩小，而离视点较近的就会大些。此外，纹理映射也常常运用在其他一些领域，如飞行仿真中常把一大片植被的图像映射到一些大多边形上用以表示地面，或用大理石、木材、布匹等自然物质的图像作为纹理映射到多边形上表示相应的物体。

纹理映射有许多种情况。例如，任意一块纹理可以映射到平面或曲面上，且对光亮的物体进行纹理映射，其表面可以映射出周围环境的景象；纹理还可按不同的方式映射到曲面上，一是可以直接画上去（或称移画印花法），二是可以调整曲面颜色或把纹理颜色与曲面颜色混合；纹理不仅可以是二维的，也可以是一维或其他维的。

在 OpenGL 中提供了一系列完整的纹理操作函数，用户可以用它们构造理想的物体表面，可以对光照物体进行处理，使其映射出所处环境的景象，可以用不同的方式应用到曲面上，而且可以随几何物体属性变换而变化，从而使制作的三维场景和三维物体更真实、更自然。

本章将详细介绍 OpenGL 纹理映射有关的内容：基本步骤、纹理数据的获取、纹理定义、纹理控制、映射方式和纹理坐标等。

10.1 纹理映射的基本步骤

纹理映射是一个相当复杂的过程，一般的纹理映射需要下面几个步骤。

① 定义纹理；

② 指定纹理在像素上的应用方式；

③ 启用纹理；

④ 用纹理坐标和几何坐标绘制场景。

需要注意的是纹理映射操作仅适用于 RGBA 模式，不能在颜色索引模式下应用。下面结合一个具体的例子来说明纹理映射的各个步骤。

【例 10-1】 使用纹理映射绘制国际象棋盘：texturechess. c。

```
#include <gl/glut.h>
```

```
#include <stdlib.h>
#include <stdio.h>

#pragma comment(lib,"opengl32.lib")
#pragma comment(lib,"glu32.lib")
#pragma comment(lib,"glut32.lib")

#define checkImageWidth 64
#define checkImageHeight 64
static GLubyte checkImage[checkImageHeight][checkImageWidth][4];

static GLuint texName;

void makeCheckImage(void)
{
    int i,j,c;
    for(i=0;i<checkImageHeight;i++)
    {
        for(j=0;j<checkImageWidth;j++)
        {
            c=((((i&0x8)==0)^((j&0x8))==0))*255;
            checkImage[i][j][0]=(unsigned char)c;
            checkImage[i][j][1]=(unsigned char)c;
            checkImage[i][j][2]=(unsigned char)c;
            checkImage[i][j][3]=(unsigned char)255;
        }
    }
}

void init(void)
{
    glClearColor(0.0,0.0,0.0,0.0);
    glShadeModel(GL_FLAT);
    glEnable(GL_DEPTH_TEST);

    makeCheckImage();
    glPixelStorei(GL_UNPACK_ALIGNMENT,1);
        /*定义纹理*/
    glGenTextures(1,&texName);
    glBindTexture(GL_TEXTURE_2D,texName);
```

```
        /* 控制滤波 */
        glTexParameteri(GL_TEXTURE_2D,GL_TEXTURE_WRAP_S,GL_REPEAT);
        glTexParameteri(GL_TEXTURE_2D,GL_TEXTURE_WRAP_T,GL_REPEAT);
        glTexParameteri(GL_TEXTURE_2D,GL_TEXTURE_MAG_FILTER,GL_
NEAREST);
        glTexParameteri(GL_TEXTURE_2D,GL_TEXTURE_MIN_FILTER,GL_NEAREST);

        glTexImage2D(GL_TEXTURE_2D,0,GL_RGBA,checkImageWidth,checkImage-
Height,0,GL_RGBA,GL_UNSIGNED_BYTE,checkImage);
    }

    void display(void)
    {
        glClear(GL_COLOR_BUFFER_BIT | GL_DEPTH_BUFFER_BIT);
        /* 启动映射 */
        glEnable(GL_TEXTURE_2D);
    /* 说明映射方式 */
        glTexEnvf(GL_TEXTURE_ENV,GL_TEXTURE_ENV_MODE,GL_RE-
PLACE);
        glBindTexture(GL_TEXTURE_2D,texName);
        glBegin(GL_QUADS);
        glTexCoord2f(0.0f,0.0f);glVertex3f(-2.0f,-1.0f,0.0f);
        glTexCoord2f(0.0f,1.0f);glVertex3f(-2.0f,1.0f,0.0f);
        glTexCoord2f(1.0f,1.0f);glVertex3f(0.0f,1.0f,0.0f);
        glTexCoord2f(1.0f,0.0f);glVertex3f(0.0f,-1.0f,0.0f);

        glTexCoord2f(0.0f,0.0f);glVertex3f(1.0f,-1.0f,0.0f);
        glTexCoord2f(0.0f,1.0f);glVertex3f(1.0f,1.0f,0.0f);
        glTexCoord2f(1.0f,1.0f);glVertex3f(2.41421f,1.0f,-1.41421f);
        glTexCoord2f(1.0f,0.0f);glVertex3f(2.41421f,-1.0f,-1.41421f);
        glEnd();
        glFlush();
        glDisable(GL_TEXTURE_2D);
    }

    void reshape(int w,int h)
    {
        glViewport(0,0,w,h);
        glMatrixMode(GL_PROJECTION);
        glLoadIdentity();
```

```
    gluPerspective(60.0,(GLfloat)w/(GLfloat)h,1.0,30.0);
    glMatrixMode(GL_MODELVIEW);
    glLoadIdentity();
    glTranslatef(0.0f,0.0f,-3.6f);
}

int main(int argc,char * * argv)
{
    glutInit(&argc,argv);
    glutInitDisplayMode(GLUT_SINGLE | GLUT_RGB | GLUT_DEPTH);
    glutInitWindowSize(250,250);
    glutInitWindowPosition(100,100);
    glutCreateWindow(argv[0]);
    init();
    glutDisplayFunc(display);
    glutReshapeFunc(reshape);
    glutMainLoop();
    return 0;
}
```

程序运行的效果如图 10-1 所示。

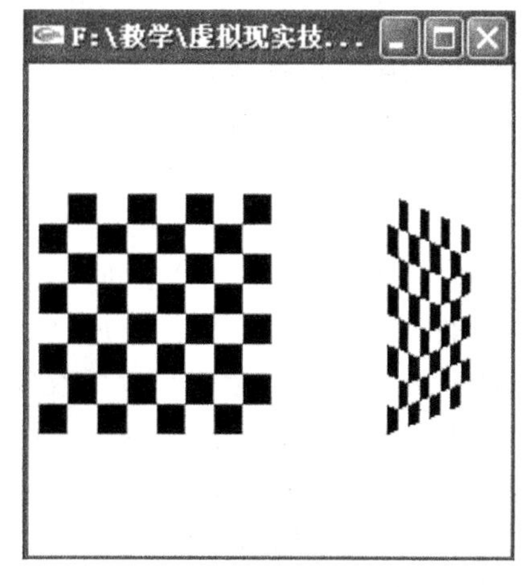

图 10-1　棋盘纹理

棋盘纹理是由子程序 makeCheckImage() 生成的，纹理映射的所有初始化是在函数 init () 中完成的。glGenTextures() 函数和 glBindTexture() 函数为一个纹理图像命名并且创建了一个纹理对象。单一的、高分辨率的纹理图由函数 glTexImage2D() 指定，其参数说明了图像的大小、图像的类型、图像的位置和一些别的属性。

四个 glTexParameter() 函数指定纹理是如何进行粘贴的，以及当纹理与屏幕像素点间颜色不匹配时，如何对颜色进行过滤处理。

在 display() 函数中使用 glEnable() 函数启用纹理。由函数 glTexEnv() 设定纹理模式。

然后，绘制两个多边形。这时，纹理坐标和顶点坐标是一起指定的。函数 glTexCoord() 设置了当前纹理坐标，在设置当前纹理坐标后，再次调用该函数前，所有的顶点命令都使用该纹理坐标。

10.2　纹理数据的获取

在 OpenGL 中使用的纹理映射所使用的纹理数据，既可以是程序生成的一组数据，也可以从外部文件中读取。

10.2.1 直接创建法

直接创建纹理的方法是利用函数直接设置各纹理像素点的 RGB 值，使用这种方法只能生成简单的有一定规律的纹理图像，无法模拟复杂的、比较自然的纹理图像。

如例 10-1 就是通过直接创建纹理来获取纹理数据的，其通过程序直接生成纹理数据，直接设置各纹理图像点的 RGB 颜色数值。

10.2.2 读取外部文件

获取更为逼真的纹理，可以通过读取外部的文件数据来实现。使用外部文件中的纹理数据最简单的办法是利用 Windows 提供的一个函数 auxDIBImageLoad ()，该函数的原型如下。

AUX _ RGBImageRec auxDIBImageLoad (LPCTSTR filename)；

AUX _ RGBImageRec 是一个定义纹理数据的结构，其中最主要的 3 个域是 SizeX，SizeY 和 Data，其中 SizeX 和 SizeY 分别存储纹理数据的宽和高，而 Data 中则存储着具体的纹理数据。

另外一种读取外部文件的方法是根据外部图像文件的格式，将图像的数据直接读入内存中。使用这种方法时必须对外部图像文件的格式非常了解，若有一点不符，则程序会出错。

10.3 指定纹理

在一般情况下，纹理为一个图像，其通常为一维或二维的，在一些特殊情况下会用到三维纹理。描述纹理的每个纹素通常用 1～4 个元素构成。

10.3.1 指定二维纹理

```
void glTexImage2D(GLenum target,GLint level,GLint components,
                  GLsizei width,glsizei height,GLint border,
                  GLenum format,GLenum type,const GLvoid * pixels);
```

功能：该函数指定一个二维纹理映射。

参数 target 是常数 GL _ TEXTURE _ 2D。

参数 level 表示多级分辨率的纹理图像的级数，若只有一种分辨率，则 level 设为 0。

参数 components 是一个从 1～4 的整数，指出选择了 R，G，B，A 中的哪些分量用于调整和混合，1 表示选择了 R 分量，2 表示选择了 R，A 两个分量，3 表示选择了 R，G，B 三个分量，4 表示选择了 R，G，B，A 四个分量。

参数 width 和 height 给出了纹理图像的长度和宽度，参数 border 为纹理边界宽度，它通常为 0，width 和 height 必须是 2m＋2b，这里 m 是整数，长和宽可以有不同的值，b 是 border 的值。纹理映射的最大尺寸依赖于 OpenGL，但它至少必须是使用 64×64 (若带边界不能小于 66×66)，若 width 和 height 设置为 0，则纹理映射有效地关闭。

参数 format 和 type 描述了纹理映射的格式和数据类型，它们在这里的意义与在函数 glDrawPixels () 中的意义相同，事实上，纹理数据与 glDrawPixels () 所用的数据有同样的格式。参数 format 可以是 GL _ COLOR _ INDEX，GL _ RGB，GL _ RGBA，GL _ RED，GL _ GREEN，GL _ BLUE，GL _ ALPHA，GL _ LUMINANCE 或 GL _ LUMINANCE _ ALPHA (注意：不能用 GL _ STENCIL _ INDEX 和 GL _ DEPTH _ COMPONENT)。类似地，参数 type 是 GL _ BYPE，GL _ UNSIGNED _ BYTE，GL _ SHORT，

GL _ UNSIGNED _ SHORT，GL _ INT，GL _ UNSIGNED _ INT，GL _ FLOAT 或 GL _ BITMAP。

参数 pixels 包含了纹理图像数据，这个数据描述了纹理图像本身和它的边界。

10.3.2 指定一维纹理

```
void glTexImage1D(GLenum target,GLint level,GLint components,GLsizei width,
                  GLint border,GLenum format,GLenum type,const GLvoid * pixels);
```

功能：指定一个一维纹理映射。

参数除第一个参数 target 应设置为 GL _ TEXTURE _ 1D 外，其余所有的参数与函数 TexImage2D () 的一致，不过纹理图像是一维纹素数组，其宽度值必须是 2 的幂，若有边界则为 2m+2。

10.4 纹理映射

10.4.1 纹理滤波

一般来说，纹理图像为正方形或长方形。但当它映射到一个多边形或曲面上并变换到屏幕坐标时，纹理的单个纹素很少对应于屏幕图像上的像素。根据所用变换和所用纹理映射，屏幕上单个像素可以对应于一个纹素的一小部分（即放大）或一大批纹素（即缩小）。下面用函数 glTexParameter* () 说明放大和缩小的方法。

```
glTexParameter*(GL_TEXTURE_2D,GL_TEXTURE_MAG_FILTER,GL_NEAREST);
glTexParameter*(GL_TEXTURE_2D,GL_TEXTURE_MIN_FILTER,GL_NEAREST);
```

第一个参数可以是 GL _ TEXTURE _ 1D 或 GL _ TEXTURE _ 2D，即表明所用的纹理是一维的还是二维的；第二个参数指定滤波方法，其中参数值 GL _ TEXTURE _ MAG _ FILTER 指定为放大滤波方法，GL _ TEXTURE _ MIN _ FILTER 指定为缩小滤波方法；第三个参数说明滤波方式，其值见表 10-1 所示。

表 10-1 用于放大和缩小的过滤方法

参　数	值
GL_TEXTURE_MAC_FILTER	GL_NEAREST 或 GL_LINEAR
GL_TEXTURE_MIN_FILTER	GL_NEAREST,GL_LINEAR, GL_NEAREST_MIPMAP_NEAREST, GL_NEAREST_MIPMAP_LINEAR, GL_LINEAR_MIPMAP_NEAREST, GL_LINEAR_MIPMAP_LINEAR

若选择 GL _ NEAREST 则采用坐标最靠近像素中心的纹理单元，这有可能使图像走样；若选择 GL _ LINEAR 则采用最靠近像素中心的四个像素的加权平均值。GL _ NEAREST 所需计算比 GL _ LINEAR 要少，因而执行得更快，但 GL _ LINEAR 提供了比较光滑的效果。

10.4.2 重复和截取纹理

纹理坐标可以超出 (0，1) 范围，并且在纹理映射过程中对这些坐标可以进行截取或重复。例如，如果绘制一个大飞机，其纹理坐标在两个方向上的范围为 [0.0，10.0]，使用重复纹理，可以在屏幕上得到粘贴在一起的纹理 100 个拷贝。对于大多数复制纹理的使用，在纹理顶部的纹理单元应该和底部的纹理单元相匹配，在左侧的纹理单元也应该和右侧的纹理单元相匹配。

截取纹理坐标的另外一种可能性是：将任何大于 1.0 的值设置为 1.0，将任何小于 0.0 的值设置为 0.0。如果在应用中需要在一个大曲面上绘制一个纹理的单个拷贝，截取就很有用。

下面为重复和截取纹理例子代码：在重复映射的情况下，纹理可以在 s，t 方向上重复，即

```
glTexParameterfv(GL_TEXTURE_2D,GL_TEXTURE_WRAP_S,GL_REPEAT);
glTexParameterfv(GL_TEXTURE_2D,GL_TEXTURE_WRAP_T,GL_REPEAT);
```

若将参数 GL _ REPEAT 改为 GL _ CLAMP，则所有大于 1 的纹理值都置为 1，所有小于 0 的值都置为 0，结果为截取。

函数 glTexParameter （） 的原型如下。

```
Void glTexParameter{if}(GLenum target,GLenum pname,TYPE param);
Void glTexParameter{if}v(GLenum target,GLenum pname,TYPE  * param);
```

功能：该函数控制纹理映射。

参数 target 可以是 GL _ TEXTURE _ 1D、GL _ TEXTURE _ 2D 或 GL _ TEXTURE _ 3D 分别表示一维、二维或三维纹理。

参数 pname 和 param 的可能值如表 10-2 所示。

表 10-2 glTexParameter() 的参数

参　　数	值
GL_TEXTURE_WRAP_S	GL_CLIMP,GL_CLIMP_TO_EDGE,GL_REPEAT
GL_TEXTURE_WRAP_T	GL_CLIMP,GL_CLIMP_TO_EDGE,GL_REPEAT
GL_TEXTURE_WRAP_R	GL_CLIMP,GL_CLIMP_TO_EDGE,GL_REPEAT
GL_TEXTURE_MAG_FILTER	GL_NEAREST,GL_LINEAR
GL_TEXTURE_MIN_FILTER	GL_NEAREST,GL_LINEAR, GL_NEAREST_MIPMAP_NEAREST, GL_NEAREST_MIPMAP_LINEAR, GL_LINEAR_MIPMAP_NEAREST, GL_LINEAR_MIPMAP_LINEAR
GL_TEXTURE_BORDER_COLOR	[0.0,1.0]之间任意四个数
GL_TEXTURE_PRIORITY	指定区间[0.0,1.0]
GL_TEXTURE_MIN_LOD	任意的浮点数
GL_TEXTURE_MAX_LOD	任意的浮点数
GL_TEXTURE_BASE_LEVEL	任意的非负整数
GL_TEXTURE_MAX_LEVEL	任意的非负整数

10.4.3 纹理映射方式

在本章的第一个例程中，纹理图像是直接作为画到多边形上的颜色。实际上，可以用纹理中的值来调整多边形（曲面）原来的颜色，或用纹理图像中的颜色与多边形（曲面）原来的颜色进行混合。通过为函数 glTexEnv() 提供合适的参数，可以实现不同的纹理映射方式。函数原型如下。

```
void glTexEnv{if}[v](GLenum target,GLenum pname,TYPE param);
```

功能：设置纹理映射方式。

参数 target 必须是 GL _ TEXTURE _ ENV。

若参数 pname 是 GL _ TEXTURE _ ENV _ MODE，则参数 param 可以是 GL _ DECAL，GL _ MODULATE 或 GL _ BLEND，以说明纹理值怎样与原来表面颜色相结合的处理方式。

若参数 pname 是 GL _ TEXTURE _ ENV _ COLOR，则参数 param 是包含四个浮点数（分别是 R，G，B，A 分量）的数组，这些值只在采用 GL _ BLEND 纹理函数时才有用。

纹理映射功能和基准内部格式决定了纹理如何被应用于纹理的每一个元素。纹理映射功能针对所选的纹理成分和不带纹理的颜色进行操作。

10.5 纹理对象

纹理对象存储纹理数据，程序员可以通过它控制许多纹理，它是支持纹理的最快方式。因为一个现有纹理对象的速度总是比使用函数 glTexImage* D（）重新装载一个纹理图像快。

使用纹理对象主要采用下列步骤。

① 生成纹理名称；

② 将纹理对象绑定到纹理数据上；

③ 绑定和重新绑定纹理对象。

10.5.1 命名纹理对象

纹理名称可以使用任意非零的无符号整数。为了避免命名重复，应使用函数 glGenTexture() 自动提供未使用的纹理名称。

```
Void glGenTextures(GLsizei n,GLuint  * textureNames);
```

功能：该函数指定纹理名称。

参数 textureNames 指定纹理名称整数数组。

0 是一个保护的纹理名称，它不会被函数 glGenTextures（）返回作为纹理名称。

判断该纹理名称是否正被使用可通过函数 glIsTexture（）确定。

```
GLboolean glIsTexture(GLuint textureName);
```

如果参数 textureName 是已经被绑定的纹理名称，并且还没有被删除，则该函数返回 GL _ TRUE；如果参数 textureName 是 0，或是一个没有作为现有纹理名称的非零值，则该函数返回 GL _ FALSE。

10.5.2 创建和使用纹理对象

函数 glBindTexture（）既创建纹理对象，又使用纹理对象。

```
Void glBindTexture(GLenum target,GLuint textureName);
```

功能：创建纹理对象。

参数 textureName 第一次赋值，使用无符号整数，而不是使用 0 时，就创建了一个新的纹理对象，并且为其赋予了参数 textureName 所指定的名称。当把这个名称绑定到一个先前创建的纹理对象上时，纹理对象变成活动的。当将纹理对象绑定到 textureName 为 0 的名称上时，OpenGL 停止使用纹理对象，并返回这个未命名的默认纹理。

10.5.3 清除纹理对象

绑定纹理对象和解开纹理对象的绑定时，它们的数据均处于纹理资源中。如果纹理资源是有限的，那么删除纹理可能是释放纹理资源的一种方式。

Void glDeleteTextures(GLsizei n，const GLuint * textureNames)；

功能：该函数删除了由参数 n 所指定的纹理对象，该纹理对象由数组 textureName 中的元素指定。

如果删除了当前被绑定的纹理，绑定就返回默认的纹理，如同调用 glBindTexture () 函数的参数 textureName 值为 0。

如果试图删除一个不存在的纹理名称，或删除命名为 0 的纹理名称，该函数操作将被忽略，而不会引起错误。

10.6 人工分配纹理坐标

在绘制带纹理的场景时，必须同时提供每一个顶点的物体坐标和纹理坐标。在变换之后，由物体坐标来决定在屏幕上什么地方对特定顶点进行渲染，而由纹理坐标来决定将纹理图中哪一个纹理单元分配给该顶点。

纹理坐标可以由一个、两个、三个或四个坐标组成，通常以字母 s，t，r，q 表示，以区别于物体坐标（x，y，z，w）以及求值程序坐标（u，v）。对于一维纹理，使用 s 坐标；对于二维纹理使用 s 和 t 坐标；对于三维纹理使用 s，t 和 r 坐标。与 w 一样，q 坐标一般取 1，用于创建齐次坐标。通常纹理坐标的值在 0～1 之间，但也可以在该范围之外。

void glTexCoord{1234}{sifd}(TYPE coords)；

void glTexCoord{1234}{sifd}v(TYPE * coords)；

该函数设置了当前纹理坐标（s，t，r，q）。在程序中接下来调用 glVertex * () 函数将当前纹理坐标分配给顶点。函数 glTexCoord1 * () 将 s 坐标设定为指定值，将 t 和 r 设置为 0，q 为 1。使用函数 glTexCoord2 * () 将 s 和 t 坐标设置为指定值，将 r 和 q 分别设置为 0 和 1。函数 glTexCoord3 * () 将 s，t，r 坐标设置为指定值，q 为 1。函数 glTexCoord4 * () 用于设置 4 个坐标值。

以下为一个纹理坐标定义的示例。

```
glBegin (GL_QUADS);
    glTexCoord2f(1.0f,0.0f); glVertex3f(x+width,y,z);              //纹理的右下角
    glTexCoord2f(1.0f,1.0f); glVertex3f(x+width,y+height,z);       //纹理的右上角
    glTexCoord2f(0.0f,1.0f); glVertex3f(x,y+height,z);             //纹理的左上角
    glTexCoord2f(0.0f,0.0f); glVertex3f(x,y,z);                    //纹理的左下角
glEnd();
```

注意：定义纹理坐标时，应该按照顺时针或者逆时针的方向进行定义。

10.7 自动生成纹理坐标

在某些场合（环境映射等）下，为获得特殊效果需要自动产生纹理坐标，并不要求为用函数 gltexCoord* () 为每个物体顶点赋予纹理坐标值。OpenGL 提供了自动产生纹理坐标

的函数。

void glTexGen{ifd}(GLenum coord,GLenum pname,TYPE param);

void glTexGen{ifd}v(GLenum coord,GLenum pname,TYPE * param);

功能：自动产生纹理坐标。第一个参数必须是 GL_S，GL_T，GL_R 或 GL_Q，它指出纹理坐标 s，t，r，q 中的哪一个要自动产生；第二个参数值为 GL_TEXTURE_GEN_MODE，GL_OBJECT_PLANE 或 GL_EYE_PLANE；第三个参数 param 是一个定义纹理产生参数的指针，其值取决于第二个参数 pname 的设置，当 pname 为 GL_TEXTURE_GEN_MODE 时，param 是一个常量，即 GL_OBJECT_LINEAR，GL_EYE_LINEAR 或 GL_SPHERE_MAP，它们决定用哪一个函数来产生纹理坐标。对于 pname 的其他可能值，param 是一个指向参数数组的指针。

纹理坐标生成的不同方法有不同的应用。当纹理图像相对于一个移动的物体静止时，在物体坐标系中，指定参考面的方式是最好的。GL_OBJECT_LINEAR 将被用于把一个木质纹理放在桌面上。对于在移动物体上产生动态轮廓线的情况，在人眼坐标系 GL_EYE_LINEAR 中，指定参考面的方式是最好的。在地质科学领域中，GL_EYE_LINEAR 可能被专家应用，他们主要研究钻井和采集天然气。当钻头进入地层越深时，钻头就被渲染成不同的颜色，来表示在越来越深的情况下的岩石层。GL_SHPERE_MAP 主要用于环境映射。

【例 10-2】 自动纹理坐标生成。Texgen. c。

```
#include <gl/glut.h>
#include <stdlib.h>
#include <stdio.h>

#pragma comment(lib,"opengl32.lib")
#pragma comment(lib,"glu32.lib")
#pragma comment(lib,"glut32.lib")

#define stripeImageWidth 32
GLubyte stripeImage[stripeImageWidth * 4];

static GLuint texName;

void makeStripeImage(void)
{
    int j;

    for(j=0; j<stripeImageWidth; j++)
    {
        stripeImage[4 * j]=(unsigned char)((j<=4)? 255 : 0);
        stripeImage[4 * j+1]=(unsigned char)((j>4)? 255 : 0);
        stripeImage[4 * j+2]=(unsigned char)0;
```

```
            stripeImage[4 * j+3]=(unsigned char)255;
        }
    }

    static GLfloat xequalzero[]={1.0f,0.0f,0.0f,0.0f};
    static GLfloat slanted[]={1.0f,1.0f,1.0f,0.0f};
    static GLfloat * currentCoeff;
    static GLenum currentPlane;
    static GLint currentGenMode;

    GLint currentAngle=0;

    void init(void)
    {
        glClearColor(0.0,0.0,0.0,0.0);
        glShadeModel(GL_SMOOTH);
        glEnable(GL_DEPTH_TEST);

        makeStripeImage();

        glPixelStorei(GL_UNPACK_ALIGNMENT,1);

        glGenTextures(1,&texName);
        glBindTexture(GL_TEXTURE_1D,texName);

        glTexParameteri(GL_TEXTURE_1D,GL_TEXTURE_WRAP_S,GL_REPEAT);
        glTexParameteri(GL_TEXTURE_1D,GL_TEXTURE_MAG_FILTER,GL_LINE-
AR);
        glTexParameteri(GL_TEXTURE_1D,GL_TEXTURE_MIN_FILTER,GL_LINE-
AR);

        glTexImage1D(GL_TEXTURE_1D,0,GL_RGBA,stripeImageWidth,0,
            GL_RGBA,GL_UNSIGNED_BYTE,stripeImage);

        glTexEnvf(GL_TEXTURE_ENV,GL_TEXTURE_ENV_MODE,GL_MODU-
LATE);

        currentCoeff=xequalzero;
        currentGenMode=GL_OBJECT_LINEAR;
        currentPlane=GL_OBJECT_PLANE;
```

```
    glTexGeni(GL_S,GL_TEXTURE_GEN_MODE,currentGenMode);
    glTexGenfv(GL_S,currentPlane,currentCoeff);

    glEnable(GL_TEXTURE_GEN_S);
    glEnable(GL_TEXTURE_1D);
    glEnable(GL_CULL_FACE);
    glEnable(GL_LIGHTING);
    glEnable(GL_LIGHT0);
    glEnable(GL_AUTO_NORMAL);
    glEnable(GL_NORMALIZE);
    glFrontFace(GL_CW);
    glCullFace(GL_BACK);
    glMaterialf(GL_FRONT,GL_SHININESS,64.0f);
}

void display(void)
{
    glClear(GL_COLOR_BUFFER_BIT | GL_DEPTH_BUFFER_BIT);

    glPushMatrix();
    glRotatef((GLfloat)currentAngle,0.0f,0.0f,1.0f);
    glBindTexture(GL_TEXTURE_1D,texName);
    glutSolidTeapot(2.0);
    glPopMatrix();
    glutSwapBuffers();
}

void reshape(int w,int h)
{
    glViewport(0,0,w,h);
    glMatrixMode(GL_PROJECTION);
    glLoadIdentity();
    if(w<=h)
        glOrtho(-3.5,3.5,-3.5*(GLfloat)h/(GLfloat)w,3.5*(GLfloat)h/(GL-
float)w,-3.5,3.5);
    else
        glOrtho(-3.5*(GLfloat)w/(GLfloat)h,3.5*(GLfloat)w/(GLfloat)h,
-3.5,3.5,-3.5,3.5);
    glMatrixMode(GL_MODELVIEW);
```

```
    glLoadIdentity();
}

void keyboard(unsigned char key,int x,int y)
{
    switch(key)
    {
    case 'e':
    case 'E':
        {
            currentGenMode=GL_EYE_LINEAR;
            currentPlane=GL_EYE_PLANE;
            glTexGeni(GL_S,GL_TEXTURE_GEN_MODE,currentGenMode);
            glTexGenfv(GL_S,currentPlane,currentCoeff);
            glutPostRedisplay();
        }
        break;
    case 'o':
    case 'O':
        {
            currentGenMode=GL_OBJECT_LINEAR;
            currentPlane=GL_OBJECT_PLANE;
            glTexGeni(GL_S,GL_TEXTURE_GEN_MODE,currentGenMode);
            glTexGenfv(GL_S,currentPlane,currentCoeff);
            glutPostRedisplay();
        }
        break;
    case 's':
    case 'S':
        {
            currentCoeff=slanted;
            glTexGenfv(GL_S,currentPlane,currentCoeff);
            glutPostRedisplay();
        }
        break;
    case 'x':
    case 'X':
        {
            currentCoeff=xequalzero;
            glTexGenfv(GL_S,currentPlane,currentCoeff);
```

```
            glutPostRedisplay();
        }
        break;
    case 'r':
    case 'R':
        {
            currentAngle=(currentAngle+5)% 360;
            glutPostRedisplay();
        }
        break;
    }
}

int main(int argc,char * * argv)
{
    glutInit(&argc,argv);
    glutInitDisplayMode(GLUT_DOUBLE|GLUT_RGB|GLUT_DEPTH);

    glutInitWindowSize(250,250);
    glutInitWindowPosition(100,100);
    glutCreateWindow(argv[0]);

    init();

    glutDisplayFunc(display);
    glutReshapeFunc(reshape);
    glutKeyboardFunc(keyboard);

    glutMainLoop();

    return 0;
}
```

图 10-2 自动纹理生成效果图

程序运行效果如图 10-2 所示。

习题 10

10-1 怎样在 OpenGL 中开启二维纹理?

10-2 什么是纹理对象?

10-3 编程题:对书中例 [10-2] 修改代码,在一个立方体上加纹理。

11 外部三维模型的读取与绘制

在实际的三维图形程序中，需要构建的三维模型一般来说都是比较复杂的，但是OpenGL的建模功能并不是很强大，只提供了一些绘制简单图元的函数，如圆锥、圆柱和球体等类似的简单物体。如果利用这些函数来构建一个复杂的模型，如一架飞机或一辆坦克就显得非常困难，另外一次性地使用基本的绘图语句编写程序也不现实。因此，必须与其他功能强大的三维建模软件结合，利用一定的算法，将其他三维建模软件创建的模型数据读出来，然后利用这些数据在 OpenGL 环境中重新构建三维模型，从中可以免去构建复杂三维模型这一枯燥复杂的工作。

11.1 3DS 模型的读取与绘制

3D Studio 是 Autodesk 公司开发的一套用于在微机上制作三维动画的应用程序，它所生成的图形文件格式是 3DS 文件格式。该软件的功能非常强大，许多精美的电视广告都是用它制作的，现在已经发展到了 3D Stdio MAX 5. x。由于 3DS 是一种非常普遍的数据格式，以 3DS 格式保存的三维图形文件非常丰富。各种三维图形素材光盘以及内容丰富的网上图形站点，都有非常丰富的 3DS 模型库。在微机上直接利用 3D Studio 软件制作 3DS 格式的三维图形文件也非常容易。因此，学会读取和操作 3DS 文件对于建立比较实用的三维图形应用软件显得非常重要。

11.1.1 3DS 文件格式简介

3DS 文件由许多块做成，每个块首先描述其信息类别，即该块是如何组成的。块的信息类别用 ID 来标识，块还包含了下一个块的相对位置信息。因此，就是不理解一个块的含义，也可以很容易地跳过它，因为该块中指出了下一个块相对于该块其位置的偏移字节数。与许多文件格式一样，3DS 二进制文件中的数据也是按低位在前、高位在后的方式组织的。例如，2 个十六进制字节 4A5C 组成的整型数，表明 5C 是高位字节，4A 是低位字节；对于长整型数，如 4A5C3B8F，表明 5C4A 是低位字节，而 8F3B 是高位字节。

下面描述块的具体定义。块的前两项信息分别是：块的 ID 和块的长度（也即下一块相对于该块的字节偏移量），块的 ID 是一个整型数，而块的长度是一个长整型数。每个块实际上是一个层次结构，不同类型的块，其层次结构也不相同。3DS 文件中由一个基本块，其 ID 是 4D4D，每一个 3DS 文件的开头都是由这样一个块构成。基本块内的块称为主块。

为了对块的层次结构有一个初步的认识，下面给出一个图标来说明不同类型（ID）的块及其各自在文件中的位置，如下所示。这样为每个块起了一个名字，以便于理解或直接转换为源程序。

MAIN3DS (0x4D4D)

```
|
+--EDIT3DS  (0x3D3D)
|  |
|  +--EDIT_MATERIAL  (0xAFFF)
|  |  |
|  |  +--MAT_NAME01  (0xA000)  (See mli Doc)
|  |
|  +--EDIT_CONFIG1  (0x0100)
|  +--EDIT_CONFIG2  (0x3E3D)
|  +--EDIT_VIEW_P1  (0x7012)
|  |  |
|  |  +--TOP          (0x0001)
|  |  +--BOTTOM       (0x0002)
|  |  +--LEFT         (0x0003)
|  |  +--RIGHT        (0x0004)
|  |  +--FRONT        (0x0005)
|  |  +--BACK         (0x0006)
|  |  +--USER         (0x0007)
|  |  +--CAMERA       (0xFFFF)
|  |  +--LIGHT        (0x0009)
|  |  +--DISABLED     (0x0010)
|  |  +--BOGUS        (0x0011)
|  |
|  +--EDIT_VIEW_P2  (0x7011)
|  |  |
|  |  +--TOP          (0x0001)
|  |  +--BOTTOM       (0x0002)
|  |  +--LEFT         (0x0003)
|  |  +--RIGHT        (0x0004)
|  |  +--FRONT        (0x0005)
|  |  +--BACK         (0x0006)
|  |  +--USER         (0x0007)
|  |  +--CAMERA       (0xFFFF)
|  |  +--LIGHT        (0x0009)
|  |  +--DISABLED     (0x0010)
|  |  +--BOGUS        (0x0011)
|  |
|  +--EDIT_VIEW_P3  (0x7020)
|  +--EDIT_VIEW1    (0x7001)
|  +--EDIT_BACKGR   (0x1200)
```

```
|   +--EDIT_AMBIENT  (0x2100)
|   +--EDIT_OBJECT  (0x4000)
|   |   |
|   |   +--OBJ_TRIMESH  (0x4100)
|   |   |   |
|   |   |   +--TRI_VERTEXL          (0x4110)
|   |   |   +--TRI_VERTEXOPTIONS     (0x4111)
|   |   |   +--TRI_MAPPINGCOORS      (0x4140)
|   |   |   +--TRI_MAPPINGSTANDARD  (0x4170)
|   |   |   +--TRI_FACEL1          (0x4120)
|   |   |   |   |
|   |   |   |   +--TRI_SMOOTH            (0x4150)
|   |   |   |   +--TRI_MATERIAL          (0x4130)
|   |   |   |
|   |   |   +--TRI_LOCAL              (0x4160)
|   |   |   +--TRI_VISIBLE            (0x4165)
|   |   |
|   |   +--OBJ_LIGHT     (0x4600)
|   |   |   |
|   |   |   +--LIT_OFF                (0x4620)
|   |   |   +--LIT_SPOT               (0x4610)
|   |   |   +--LIT_UNKNWN01              (0x465A)
|   |   |
|   |   +--OBJ_CAMERA  (0x4700)
|   |   |   |
|   |   |   +--CAM_UNKNWN01          (0x4710)
|   |   |   +--CAM_UNKNWN02          (0x4720)
|   |   |
|   |   +--OBJ_UNKNWN01(0x4710)
|   |   +--OBJ_UNKNWN02(0x4720)
|   |
|   +--EDIT_UNKNW01  (0x1100)
|   +--EDIT_UNKNW02  (0x1201)
|   +--EDIT_UNKNW03  (0x1300)
|   +--EDIT_UNKNW04  (0x1400)
|   +--EDIT_UNKNW05  (0x1420)
|   +--EDIT_UNKNW06  (0x1450)
|   +--EDIT_UNKNW07  (0x1500)
|   +--EDIT_UNKNW08  (0x2200)
|   +--EDIT_UNKNW09  (0x2201)
```

```
|    +--EDIT_UNKNW10   (0x2210)
|    +--EDIT_UNKNW11   (0x2300)
|    +--EDIT_UNKNW12   (0x2302)
|    +--EDIT_UNKNW13   (0x2000)
|    +--EDIT_UNKNW14   (0xAFFF)
|
+--KEYF3DS  (0xB000)
     |
     +--KEYF_UNKNWN01   (0xB00A)
     +--.............   (0x7001)  (viewport, same as editor )
     +--KEYF_FRAMES   (0xB008)
     +--KEYF_UNKNWN02   (0xB009)
     +--KEYF_OBJDES   (0xB002)
          |
          +--KEYF_OBJHIERARCH   (0xB010)
          +--KEYF_OBJDUMMYNAME   (0xB011)
          +--KEYF_OBJUNKNWN01   (0xB013)
          +--KEYF_OBJUNKNWN02   (0xB014)
          +--KEYF_OBJUNKNWN03   (0xB015)
          +--KEYF_OBJPIVOT      (0xB020)
          +--KEYF_OBJUNKNWN04   (0xB021)
          +--KEYF_OBJUNKNWN05   (0xB022)
```

最开始出现的主块是基本块，包含了整个文件。因此这个块的大小就是文件的大小减去主块的大小。还有两种主块：3D 编辑程序块和关键帧块，前者的 ID 是 3D3D，后者的 ID 是 B000。

下面分别介绍 3DS 格式文件中的编辑程序块和关键帧块。

11.1.2 3D 编辑程序块

(1) 3D（编辑程序块）的子块 其 ID 和含义如表 11-1 所示。

表 11-1 3D 子块 ID 及含义

ID	含义	ID	含义
0100	配置的一部分	2100	环境颜色块
1100	未知	2200	雾
1200	背景色	2210	雾
1201	未知	2300	未知
1300	未知	3000	未知
1400	未知	3D3E	编辑程序配置主块
1420	未知	4000	一个物体的定义
1450	未知	AFFF	材质列表开始
1500	未知		

（2）AFFF（材质列表块）的子块　如表 11-2 所示。

表 11-2　AFFF 子块 ID 及材质名称

ID	材质名称
A000	用一个零结尾的字符串定义

（3）3D3E（编程程序配置块）的子块　如表 11-3 所示。

表 11-3　3D3E 子块 ID 及定义

ID	定义	ID	定义
7001	视口指示器	7012	视口定义(类型 1)
7011	视口定义(类型 2)	7020	视口定义(类型 3)

3D3E 块中包含了许多冗余数据，其中较重要的块是 7020 块，这个块定义编辑程序中 4 个活动的视口。假设在编辑程序布局中使用了 4 个视口，编辑程序配置中包含 5 个 7020 视口定义块和 5 个 7011 视口定义块。但事实上只有开始的 4 个 7020 块对用户的视口外观有影响，其他视口中只包括一些附加信息。该块的第 6，7 字节表明视图的类型，合法的 ID 及其对应的视图如表 11-4 所示。

表 11-4　7020 块第 6，7 字节合法 ID 及含义

ID	含义	ID	含义
0001	顶视图	0006	后视图
0002	底视图	0007	用户视图
0003	左视图	FFFF	相机视图
0004	右视图	0009	光源视图
0005	前视图	0010	无效

（4）4000（物体描述块）的子块　第一项是物体名称，为一个零结尾串，这里所指的物体可以是一个相机或一个光源，也可以是物体的形体。4000 子块 ID 及含义如表 11-5 所示。

表 11-5　4000 子块 ID 及含义

ID	含义	ID	含义
4010	未知	4600	光源块
4012	阴影块	4700	相机块
4100	三角形列表块		

（5）4100（三角形列表块）的子块　如表 11-6 所示。

表 11-6　4100 子块 ID 及含义

ID	含义	ID	含义
4110	顶点列表	4150	面平滑组
4111	顶点选项	4160	平移矩阵
4120	面列表	4165	物体可见性
4130	面材质	4170	标准映射
4140	纹理映射坐标		

① 4110（顶点列表块）的子块，如表 11-7 所示。

表 11-7　4110 子块

起始位置	结束位置	大　小	数据类型	名　称
0	1	2	无符号整数	物体的顶点数目
2	5	4	浮点数	x 坐标值
6	9	4	浮点数	y 坐标值
10	13	4	浮点数	z 坐标值

从第 2 个字节到第 13 个字节定义了一个顶点的坐标，重复这项定义 VertexNum 次，便得到了所有顶点的坐标。

② 4111（顶点选项块）的子块，该子块由一些整型数组成，第一个整型数表明顶点个数，然后对每个顶点用一个整型数表示一些位信息。其中，0～7 位和 11～12 位影响物体的可见性，8～10 位是随机信息，13～15 位表明该顶点是否在某个选择集中被选中，顶点选项块不是很重要，即使将其删除，3DS 也能正确地将物体装入。

（6）4120 面列表块　如表 11-8 所示。

表 11-8　4120 面列表块

起始位置	结束位置	大　小	数据类型	名　称
0	1	2	无符号整数	物体中的三角形数(PolyNum)
2	3	2	无符号整数	顶点 A 的序号
4	5	2	无符号整数	顶点 B 的序号
6	7	2	无符号整数	顶点 C 的序号
8	9	2	无符号整数	面信息

重复 2～9 定义 PolyNum 次，就给出了所有的三角形。2～7 所给出的 3 个整型数是三角形面的 3 个顶点序号，序号为 0 的顶点表示顶点列表中定义的第一个顶点。顶点的顺序影响着面的法向量方向。一般情况下三角形应按逆时针方向定义，但有些 3DS 文件使用顺时针方向，这时就需要在程序中将其调整过来。面信息是一个整型数，其中前 3 个二进制位给出了三角形每条边的顺序，可以根据他们判别三角形是以逆时针还是以顺时针给出的，这 3 个数字要么全是 0，要么全是 1。若这 3 位全为 1。其二进制方式为 111，意味着三角形的 3 个顶点的正确顺序应是 A→B→C，即 A→B→C 给出的是顺时针方向。反之，这 3 位全是 0，则意味着 A→B→C 给出的就是逆时针方向。

（7）4130 面材质块　材质块给出了物体中使用的每一种材质，但并不是每个物体都有材质块，只使用默认材质的物体就没有材质块。每一个 4130 面材质块以一个 0 结尾的材质名称字符串开始，接着跟一个由数字表示的与该材质相关的面的数目，然后就是一个一个的面。0000 表示 4120 面列表中的第一个面。

（8）4140 纹理映射坐标　前 2 个字节表示定义的顶点数，然后为每个顶点定义 2 个浮点型的纹理映射坐标。也就是说，如果一个顶点的纹理映射在纹理平面的中心，那么其映射坐标为（0.5，0.5）。

（9）4150 面平滑块　块的大小为面的个数乘以 4B，即每个基本数据是一个长整型数字，第 n 个数字表示给面是否属于第 n 个平滑组。

（10）4160 局部坐标轴块　开始的 3 个浮点数定义了物体的局部坐标轴在绝对坐标系内的位置坐标，最后的 3 个浮点数是物体的局部中心。

（11）4170 标准映射　前 2 个字节表明映射的类型，其中，0 表明平面映射或指定映射，当指定映射时，与这个块中的信息就无关了，1 表明圆柱映射，2 表明球映射。接着用 21 个浮点数来描述这个映射。

（12）光源块　如表 11-9、表 11-10 所示。

表 11-9　光源块 ID 及定义

ID	定义	ID	定义
0010	RGB 颜色块	4610	点光源
0011	24 位颜色	4620	光源被关闭

表 11-10　光源块

起始位置	结束位置	大　小	数据类型	名　称
0	3	4	浮点数	光源位置 x 坐标
4	7	4	浮点数	光源位置 y 坐标
8	11	4	浮点数	光源位置 z 坐标

（13）4610 点光源块　如表 11-11 所示。

表 11-11　4610 点光源块

起始位置	结束位置	大　小	数据类型	名　称
0	3	4	浮点数	目标位置 x 坐标
4	7	4	浮点数	目标位置 y 坐标
8	11	4	浮点数	目标位置 z 坐标
12	15	4	浮点数	热点
16	19	4	浮点数	发散

（14）0010 RGB 颜色块　如表 11-12 所示。

表 11-12　0010RGB 颜色块

起始位置	结束位置	大　小	数据类型	名　称
0	3	4	浮点数	红
4	7	4	浮点数	绿
8	11	4	浮点数	蓝

（15）0011 24 位 RGB 颜色块　如表 11-13 所示。

表 11-13　24 位 RGB 颜色块

起始位置	结束位置	大　小	数据类型	名　称
0	1	1	浮点数	红
1	1	1	浮点数	绿
2	1	1	浮点数	蓝

(16) 7011 相机块　如表 11-14 所示。

表 11-14　相机块

起始位置	结束位置	大　小	数据类型	名　称
0	3	4	浮点数	相机位置 x 坐标
4	7	4	浮点数	相机位置 y 坐标
8	11	4	浮点数	相机位置 z 坐标
12	15	4	浮点数	相机目标 x 坐标
16	19	4	浮点数	相机目标 y 坐标
20	23	4	浮点数	相机目标 z 坐标
24	27	4	浮点数	相机倾斜(旋转角)
28	31	4	浮点数	相机镜头

11.1.3　3DS 关键帧块

关键帧块的 ID 及其含义，如表 11-15 所示。

表 11-15　关键帧块 ID 及含义

ID	定义	ID	定义
B00A	未知	B009	未知
B008	帧信息块	B002	物体信息开始块

(1) B008 帧信息块　如表 11-16 所示。

表 11-16　B008 帧信息块

起始位置	结束位置	大　小	数据类型	名　称
0	3	4	无符号长整型	开始帧
4	7	4	无符号长整型	开始帧

(2) B002 物体信息开始块　物体信息开始的子块 ID 及其含义如表 11-17 所示。

表 11-17　物体信息开始的子块 ID 及含义

ID	定义	ID	定义
B010	名称与层次结构描述	B015	未知
B011	哑元物体命名	B020	物体中心点
B013	未知	B021	未知
B014	未知	B022	未知

(3) B010 名称与层次结构描述表　如表 11-18 所示。

表 11-18 B010 名称与层次结构描述表

起始位置	结束位置	大 小	数据类型	名 称
0	未确定	2	0 结尾字符串	物体名称
未确定	未确定	2	unsigned int	未知
未确定	未确定	2	unsigned int	未知
未确定	未确定	2	unsigned int	物体的层次结构

物体的层次结构并不复杂，场景中给予每个物体一个数字以表示其在场景树中的顺序。相应地，3DS 文件中也用相同方法表示了物体在场景树中位置，作为根物体给予了数－1（FFFF）作为其数字标识。当读取文件的时候，就会得到一系列的物体数字标识。

11.2 3DS 文件输入程序介绍

11.2.1 程序说明

本程序主要介绍将外部 3DS 文件直接输入到 OpenGL 场景中的技术，这可以大大地缩短复杂物体建模的时间，是开发可视化系统必须掌握的技术之一。

11.2.2 理论基础

3DS 格式文件的读入大致可以分为两部分：文件内容的读入，3D 对象的绘制。

（1）文件内容的读入　在本实例中首先定义了一系列的结构，如对象的材质、材质库、位置矢量、四元数、关键帧等，该定义在文件 glStructure.h 中。

定义两个类 CTriObject 和 CTriList，CTriObject 主要用于处理 3DS 文件中的各种对象，而 CTriList 主要用于处理对象序列。CTriObject 中主要包含以下成员变量。

```
float*          x;
float*          y;
float*          z;
int             numvertices;
float*          nx;
float*          ny;
float*          nz;
int             numnormals;
int*      faces;
int             numfaces;
tMaterial*      materials;
int             nummaterials;
int*      matfaces;
int             nummatfacesapplied;
char*           name;
float     pivot [3];
float     pivotrot [4];
```

定义一个 3DS 文件的读入类 C3dsReader，主要将 3DS 文件中的内容读入到上述两个类的对象中。读入函数很多，主要用于读取不同的内容，如下所示。

```
int ReadKFTrackTag(long fileSize, long tagStart, long tagSize, FILE* fp, char* nodeName, tVector* pivot, Chunk3DS chunk);
int ReadKFObjectNode( long fileSize, long nodeStart, long nodeSize, FILE* fp);
int ReadKFDATA( long fileSize, long kfdataStart, long kfdataSize, FILE* fp);
int Read3DSChunk(FILE* fp, Chunk3DS& chunk);
int Read3DSString(FILE* fp, char* name, int len=256);
int ReadPercentage(FILE* fp, float& value);
int ReadColor(FILE* fp, float& red, float& green, float& blue);
int ReadPointArray(CTriObject* newchild, long fileSize, FILE* fp);
int ReadFaceArray(CTriObject* newchild, long unsigned fileSize, FILE* fp);
int ReadMeshMatGroup(CTriObject* newchild, MaterialDict* matdict, long fileSize, FILE* fp);
int ReadTriObject(MaterialDict* matdict, long fileSize, FILE* fp, long triStart, long triSize, char* groupName);
int ReadNamedObject(MaterialDict* matdict, long fileSize, long namedStart, long namedSize, FILE* fp);
int ReadMatEntry(MaterialDict* matdict, long fileSize, long matStart, long matSize, FILE* fp);
int ReadMDATA(MaterialDict* matdict, long fileSize, long mdataStart, long mdataSize, FILE* fp);
int Read3DSFile(long fileSize, long fileStart, long fileLen, FILE* fp);
int Is3DSFile(FILE* fp);
BOOL Reader(char* filename, CTriList* _list);
```

(2) 3D 对象的绘制　对象的绘制主要是在 CTriObject 中完成的，其外部形状主要是采用三角形来近似的，如下所示。

```
glBegin(GL_TRIANGLES);
    for(i=0; i <numfaces; i+=3)
    {
        if(materialsapplied) glColor3f( materials[matfaces[i/3]].diffuseColor[0],materials[matfaces[i/3]].diffuseColor[1], materials[matfaces[i/3]].diffuseColor[2] );
        else glColor3f( 0.0f, 0.0f, 1.0f );
        glVertex3f( x[faces[i]] , y[faces[i]] , z[faces[i]]);
        glVertex3f( x[faces[i+1]], y[faces[i+1]], z[faces[i+1]]);
        glVertex3f( x[faces[i+2]], y[faces[i+2]], z[faces[i+2]]);
    }
glEnd();
```

11.2.3 编程步骤

① 启动 VC6.0，选择【New】菜单，在 New 对话框中选择 Project 标签，选择“MFC AppWizard (exe)”新建一个工程，名称为 3DSLoader，如图 11-1 所示。

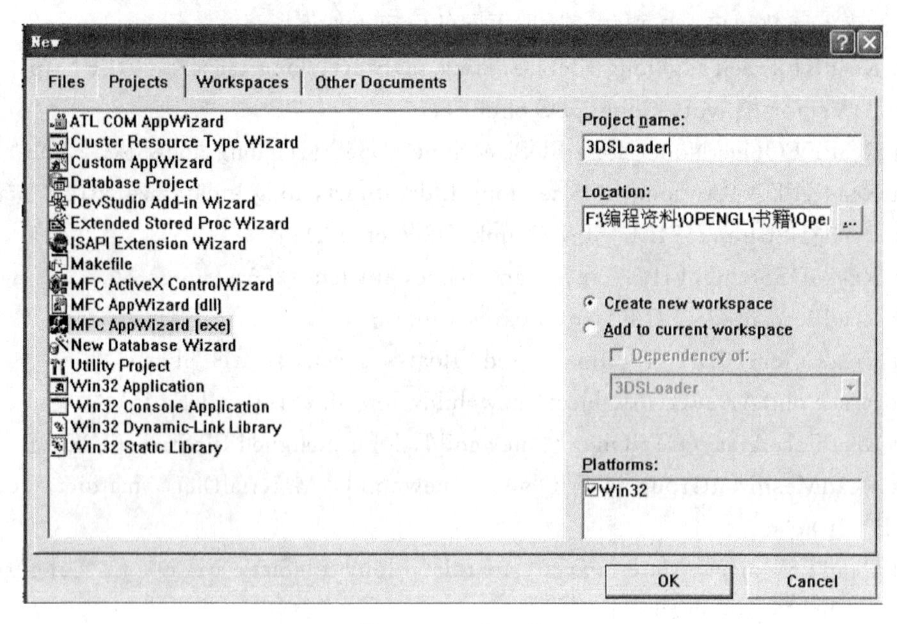

图 11-1 建立工程

② 选择【Project】→【Add to Project】→【New …】菜单，插入基本的数据结构定义文件，命名为 glStructure. h。在该文件中添加如下的代码。

```
//////////////////////////////////
//
//C3dsReader，CTriObject 和 CTriList 类的数据结构的定义
//
////////////////////////////////

#ifndef GLSTRUCTURES_H
#define GLSTRUCTURES_H

const long SizeofChunk=sizeof(unsigned short)+sizeof(long);

//PI 的宏定义
#define M_PI        3.141592653589
#define M_2PI       6.283185307178

// 定义块的结构
typedef struct {
    unsigned short          id;
    long                    len;
} Chunk3DS;

// 定义块的标识
```

```
const unsigned short  M3DMAGIC          =0x4d4d;
const unsigned short  CMAGIC            =0xc23d;
const unsigned short  M3D_VERSION       =0x0002;
const unsigned short  MDATA             =0x3d3d;
const unsigned short  MESH_VERSION      =0x3d3e;
const unsigned short  MAT_ENTRY         =0xafff;
const unsigned short  MASTER_SCALE      =0x0100;
const unsigned short  NAMED_OBJECT      =0x4000;
const unsigned short  MAT_NAME          =0xa000;
const unsigned short  MAT_AMBIENT       =0xa010;
const unsigned short  MAT_DIFFUSE       =0xa020;
const unsigned short  MAT_SPECULAR      =0xa030;
const unsigned short  MAT_SHININESS     =0xa040;
const unsigned short  MAT_TRANSPARENCY  =0xa050;
const unsigned short  MAT_SHADING       =0xa100;
const unsigned short  N_TRI_OBJECT      =0x4100;
const unsigned short  POINT_ARRAY       =0x4110;
const unsigned short  FACE_ARRAY        =0x4120;
const unsigned short  MSH_MAT_GROUP     =0x4130;
const unsigned short  SMOOTH_GROUP      =0x4150;
const unsigned short  MESH_MATRIX       =0x4160;
const unsigned short  COLOR_24          =0x0011;
const unsigned short  LIN_COLOR_24      =0x0012;
const unsigned short  COLOR_F           =0x0010;
const unsigned short  INT_PERCENTAGE    =0x0030;
const unsigned short  FLOAT_PERCENTAGE  =0x0031;
const unsigned short  N_DIRECT_LIGHT    =0x4600;
const unsigned short  N_CAMERA          =0x4700;
const unsigned short  KFDATA            =0xb000;
const unsigned short  KFHDR             =0xb00a;
const unsigned short  KFSEG             =0xb008;
const unsigned short  OBJECT_NODE_TAG   =0xb002;
const unsigned short  NODE_ID           =0xb030;
const unsigned short  NODE_HDR          =0xb010;
const unsigned short  PIVOT             =0xb013;
const unsigned short  POS_TRACK_TAG     =0xb020;
const unsigned short  ROT_TRACK_TAG     =0xb021;
const unsigned short  SCL_TRACK_TAG     =0xb022;

#define W_TENS  1
```

```
#define W_CONT  (1<<1)
#define W_BIAS  (1<<2)
#define W_EASETO  (1<<3)
#define W_EASEFROM  (1<<4)

// 材料的数据结构
struct tMaterial {
    float ambientColor [3];
    float diffuseColor [3];
    float specularColor [3];
    float emissiveColor [3];
    float shininess;
    float transparency;
};

// 定义材料符号表
const int MaxMaterialDictEntries=256;

class MaterialDict {
private:
    char*               m_name [MaxMaterialDictEntries];
    long                m_count;
    tMaterial           m_material [MaxMaterialDictEntries];
public:
void Clear (void)
{
    for (int i=0; i<m_count; i++) {
        if (m_name [i] ! =NULL) {
            delete [] m_name [i];
        }
    }
    m_count=0;
}

MaterialDict (void)
{
    m_count=0;
    for (int i=0; i<MaxMaterialDictEntries; i++) {
        m_name [i] =NULL;
    }
```

```
    }

    ~MaterialDict (void)
    {
        Clear ();
    }

    tMaterial* Lookup (char* name)
    {
        for (long i=0; i<m_count; i++) {
            if (strcmp (name, m_name [i]) ==0) {
                return &m_material [i];
            }
        }
        return NULL;
    }

    void Add (char* name, tMaterial& material)
    {
        if (Lookup (name) ==NULL) {
        m_name [m_count] =new char [strlen (name) +1];
        strcpy (m_name [m_count], name);
        m_material [m_count++] =material;
        }
    }

    tMaterial* operator [] (int index)
    {
        if (index >=0 && index<m_count) {
          return &m_material [index];
        }
        return NULL;
    }
};

struct tVector  //位置矢量
{
    float x, y, z;
```

```
};

struct tVectorRGBA  //RGBA 颜色
{
    float r, g, b, a;
};

struct tQuaternion  //四元数
{
    float x, y, z, a;
};

struct Key  //帧结构
{
    float tension;
    float continuity;
    float bias;
    float easeto;
    float easefrom;
    long  time;
};

struct Poskey  //Poskey
{
    float tension;
    float continuity;
    float bias;
    float easeto;
    float easefrom;
    long  time;
    float pos [3];
};

struct Rotkey  //Rotkey
{
    float tension;
    float continuity;
    float bias;
    float easeto;
    float easefrom;
```

```
    long   time;
    float angle;
    float axis [3];
};
#endif
```

③ 再次选择【Project】→【Add to Project】→【New …】菜单，插入基本的数据结构定义文件，命名为 basicRead. h。在该文件中添加如下的代码。

```
    ////////////////////////////////////////
    //
    //                 各种数据的读入函数
    //
    /////////////////////////////////////////


    #ifndef BASICREAD_H
    #define BASICREAD_H

    inline short ReadByte (FILE* fp, char& value)
    {return (fread (&value, sizeof (value), 1, fp) ==1);}

    inline short ReadUByte (FILE* fp, unsigned char& value)
    {return (fread (&value, sizeof (value), 1, fp) ==1);}

    inline short ReadShort (FILE* fp, short& value)
    {return (fread (&value, sizeof (value), 1, fp) ==1);}

    inline short ReadUShort (FILE* fp, unsigned short& value)
    {return (fread (&value, sizeof (value), 1, fp) ==1);}

    inline short ReadLong (FILE* fp, long& value)
    {return (fread (&value, sizeof (value), 1, fp) ==1);}

    inline short ReadULong (FILE* fp, unsigned long& value)
    {return (fread (&value, sizeof (value), 1, fp) ==1);}

    inline short ReadFloat (FILE* fp, float& value)
    {return (fread (&value, sizeof (value), 1, fp) ==1);}

    inline short ReadDouble (FILE* fp, double& value)
    {return (fread (&value, sizeof (value), 1, fp) ==1);}
```

```
#endif
```

④ 选择【Insert】→【New Class】菜单，再工程中插入一个新类 C3dsReader，Class Type 为 Generic Class，该类主要用于处理 3DS 文件中的各种块的读入。

⑤ 在 3dsReader.h 中添加如下源代码。

```
public:
    C3dsReader();
    virtual ~C3dsReader();
    int ReadKFTrackTag(long fileSize, long tagStart, long tagSize, FILE* fp,  char* nodeName, tVector* pivot, Chunk3DS chunk);
    int ReadKFObjectNode( long fileSize, long nodeStart, long nodeSize, FILE* fp);
    int ReadKFDATA( long fileSize, long kfdataStart, long kfdataSize, FILE* fp);
    int Read3DSChunk(FILE* fp, Chunk3DS& chunk);
    int Read3DSString(FILE* fp, char* name, int len=256);
    int ReadPercentage(FILE* fp, float& value);
    int ReadColor(FILE* fp, float& red, float& green, float& blue);
    int ReadPointArray(CTriObject* newchild, long fileSize, FILE * fp);
    int ReadFaceArray(CTriObject* newchild, long unsigned fileSize, FILE* fp);
    int ReadMeshMatGroup(CTriObject* newchild, MaterialDict* matdict, long fileSize, FILE* fp);
    int ReadTriObject(MaterialDict* matdict, long fileSize, FILE* fp, long triStart, long triSize, char* groupName);
    int ReadNamedObject(MaterialDict* matdict, long fileSize, long namedStart, long namedSize, FILE* fp);
    int ReadMatEntry(MaterialDict* matdict, long fileSize, long matStart, long matSize, FILE* fp);
    int ReadMDATA(MaterialDict* matdict, long fileSize, long mdataStart, long mdataSize, FILE* fp);
    int Read3DSFile(long fileSize, long fileStart, long fileLen, FILE* fp);
    int Is3DSFile(FILE* fp);
    BOOL Reader(char* filename, CTriList* _list);
private:
    CTriList* DaList;
```

⑥ 在 C3dsReader.cpp 中添加如下源代码。

```
// 将块的内容读入块结构中
int C3dsReader::Read3DSChunk(FILE* fp, Chunk3DS& chunk)
{
    if(! ReadUShort(fp, chunk.id))return FALSE;
    if(! ReadLong(fp, chunk.len))return FALSE;
    return TRUE;
```

```
}

// 读入字符串，如果字符串的长度大于缓冲区，则截去多余的部分
int C3dsReader::Read3DSString(FILE* fp, char* name, int len /* =256 */)
{
    int c;

    for(int i=0;(c=fgetc(fp))!=EOF && c!='\0'; i++){
        if(i<len){
            name[i]=c;
        }
    }
    if(i<len){
        name[i]='\0';
    } else {
        name[len-1]='\0';
    }

    return(c!=EOF);
}

// 读入子块
int C3dsReader::ReadPercentage(FILE* fp, float& value)
{
    Chunk3DS  chunk;
    long  chunkStart=ftell(fp);

    if(!Read3DSChunk(fp, chunk))return FALSE;

    if(chunk.id==INT_PERCENTAGE)
    {
        short  svalue;
        if(!ReadShort(fp, svalue))return FALSE;
        value=(float)svalue/(float)100.0;
        return TRUE;
    } else if(chunk.id==FLOAT_PERCENTAGE)
    {
        if(!ReadFloat(fp, value))return FALSE;
        return TRUE;
    }
```

```
    fseek(fp, chunkStart+chunk.len, SEEK_SET);
    return FALSE;
}

// 读入颜色定义
int C3dsReader::ReadColor(FILE* fp, float& red, float& green, float& blue)
{
    Chunk3DS  chunk;
    long  chunkStart=ftell(fp);
    unsigned char tmp;

    if(! Read3DSChunk(fp, chunk))return FALSE;
    switch(chunk.id)
    {
    case COLOR_F:
        if(! ReadFloat(fp, red))return FALSE;
        if(! ReadFloat(fp, green))return FALSE;
        if(! ReadFloat(fp, blue))return FALSE;
        break;
    case COLOR_24:
        if(! ReadUByte(fp, tmp))return FALSE;
        red=(float)tmp /(float)255.0;
        if(! ReadUByte(fp, tmp))return FALSE;
        green=(float)tmp /(float)255.0;
        if(! ReadUByte(fp, tmp))return FALSE;
        blue=(float)tmp /(float)255.0;
        break;
    default:
        fseek(fp, chunkStart+chunk.len, SEEK_SET);
        return FALSE;
    }

    return TRUE;
}

// 读入顶点
int C3dsReader::ReadPointArray(CTriObject* newchild, long fileSize, FILE * fp)
{
     unsigned short  count;
```

```
float value;

if(! ReadUShort(fp, count))return FALSE;
float* x=new float[count];
float* y=new float[count];
float* z=new float[count];
if(x==NULL || y==NULL || z==NULL)return FALSE;

 for(int i=0; i<count; i++)
{
    if(! ReadFloat(fp, value))
    {  //X
        delete [] x;
        delete [] y;
        delete [] z;
        return FALSE;
    }
    x[i]=value;
    if(! ReadFloat(fp, value))
    {  //Y
        delete [] x;
        delete [] y;
        delete [] z;
        return FALSE;
    }
    y[i]=value;
    if(! ReadFloat(fp, value))
    {  //Z
        delete [] x;
        delete [] y;
        delete [] z;
        return FALSE;
    }
    z[i]=value;
}

newchild->setX(x, count);
newchild->setY(y, count);
newchild->setZ(z, count);

    return count;
```

```
}

// 读入多边形
int C3dsReader::ReadFaceArray(CTriObject* newchild, long unsigned fileSize,
FILE* fp)
{
    unsigned short count=0;
    unsigned short value=0;
    BOOL error=FALSE;

    // 读入数量
    int* fac;
    if(! ReadUShort(fp, count))return FALSE;
    fac=new int[count* 3];
    if(fac==NULL)return FALSE;


    // 读入面
    for(int i=0; i<count;i++)
    {
        // 读入三角形面的数量
        if(! ReadUShort(fp, value))error=TRUE;
        fac[3* i +0]=value;
        if(! ReadUShort(fp, value))error=TRUE;
        fac[3* i +1]=value;
        if(! ReadUShort(fp, value))error=TRUE;
        fac[3* i +2]=value;

        if(! ReadUShort(fp, value))error=TRUE; // 读入可见的边

        if(error)
        {
            delete [] fac;
            fac=NULL;
            return FALSE;
        }
    }


    newchild->setFaces(fac, count* 3);
```

```
        return count* 3;
}

// 读入对象所用的材质
    int C3dsReader::ReadMeshMatGroup(CTriObject* newchild, MaterialDict* matdict,
long fileSize, FILE* fp)
{

    unsigned shortcount, face;
    char            name[256];
    tMaterial*           lookup;
    long            index=0;

    // 读入材质名称
    if(! Read3DSString(fp, name, 256))return FALSE;

    // 在材质库中查找该材质
    if((lookup=matdict－>Lookup(name))! =NULL)
    {
        index=newchild－>addMaterial(lookup);
    }


    //读入该材质映射的面的数量
    if(! ReadUShort(fp, count))return FALSE;

    while(count－－> 0)
    {
        if(! ReadUShort(fp, face))return FALSE;
        if(index ! =－1)newchild－>addMaterialFace(face, index);
    }

    return TRUE;
}

// 读入对象数据
    int C3dsReader::ReadTriObject(MaterialDict* matdict, long fileSize, FILE* fp, long
triStart, long triSize, char* groupName)
{

    Chunk3DS   chunk;
```

```
    long    chunkStart=ftell(fp);
    int           verticecount=0;
    int           facecount=0;
    int           matcount=0;
    static int  id=1;
    CTriObject* newchild=new CTriObject();


    // 读入并填充数据
    while(chunkStart<triStart+triSize && Read3DSChunk(fp, chunk))
    {
    switch(chunk.id)
    {
    case POINT_ARRAY:
        verticecount=ReadPointArray(newchild, fileSize, fp);
        if(verticecount==FALSE)return FALSE;
        break;
    case FACE_ARRAY:
        facecount=ReadFaceArray(newchild, fileSize, fp);
        if(facecount==FALSE)return FALSE;
        break;
    case MSH_MAT_GROUP:
        if(! ReadMeshMatGroup(newchild, matdict, fileSize, fp))return FALSE;
        break;
    default:
        // 忽略一些不需要的块
        fseek(fp, chunkStart+chunk.len, SEEK_SET);
    }
    chunkStart=ftell(fp);
  }


  // 设置名称,并将本项目添加到列表中
  newchild->setName(groupName);
  newchild->setId(id);
  DaList->add(newchild);
  id++;

  return TRUE;
}
```

```
// 读入对应名称的对象块,其他名称的块将忽略
int C3dsReader::ReadNamedObject(MaterialDict* matdict, long fileSize, long named-
Start, long namedSize, FILE* fp)
{
    char   groupName[256];
    Chunk3DS   chunk;
    long   chunkStart;

    if(! Read3DSString(fp, groupName, 256))return FALSE;

    chunkStart=ftell(fp);

    while(chunkStart<namedStart+namedSize &&Read3DSChunk(fp, chunk))
    {
        switch(chunk.id)
        {
        case N_TRI_OBJECT:
            if(! ReadTriObject(matdict, fileSize, fp, chunkStart, chunk.len, group-
Name))return FALSE;
            break;
        default:
            // 忽略一些不需要的块
            fseek(fp, chunkStart+chunk.len, SEEK_SET);
        }
        chunkStart=ftell(fp);
    }

    return TRUE;
}

// 读入材质定义,并将其添加到材质库中
int C3dsReader::ReadMatEntry(MaterialDict* matdict, long fileSize, long matStart,
long matSize, FILE* fp)
{
    long       chunkStart=ftell(fp);
    Chunk3DS       chunk;
    char       name[256];
    float      red, green, blue;
    float      percentage;
```

```
tMaterial        material;

while(chunkStart<matStart+matSize &&
    Read3DSChunk(fp, chunk))
{
    switch(chunk.id)
    {
    case MAT_NAME:
        if(! Read3DSString(fp, name, 256))return FALSE;
        break;
    case MAT_AMBIENT:
        if(! ReadColor(fp, red, green, blue))return FALSE;
        material.ambientColor[0]=red;
        material.ambientColor[1]=green;
        material.ambientColor[2]=blue;
        break;
    case MAT_DIFFUSE:
        if(! ReadColor(fp, red, green, blue))return FALSE;
        material.diffuseColor[0]=red;
        material.diffuseColor[1]=green;
        material.diffuseColor[2]=blue;
        break;
    case MAT_SPECULAR:
        if(! ReadColor(fp, red, green, blue))return FALSE;
        material.specularColor[0]=red;
        material.specularColor[1]=green;
        material.specularColor[2]=blue;
        break;
    case MAT_SHININESS:
        if(! ReadPercentage(fp, percentage))return FALSE;
        material.shininess=((float)percentage)/100.0f;
        break;
    case MAT_TRANSPARENCY:
        if(! ReadPercentage(fp, percentage))return FALSE;
        material.transparency=((float)percentage)/100.0f;
        break;
    default:
        // 忽略一些不需要的块
        fseek(fp, chunkStart+chunk.len, SEEK_SET);
    }
```

```
        chunkStart=ftell(fp);
    }

    matdict->Add(name, material);

    return TRUE;
}

// 读入最高级的对象数据
int C3dsReader::ReadMDATA(MaterialDict* matdict, long fileSize, long mdataStart,
long mdataSize, FILE* fp)
{
    long        chunkStart=ftell(fp);
    Chunk3DS        chunk;
    unsigned long version;
    float   scale;

    while(chunkStart<mdataStart+mdataSize && Read3DSChunk(fp, chunk))
    {
        switch(chunk.id)
        {
        case MESH_VERSION:
            if(! ReadULong(fp, version))
            {
                return FALSE;
            }
            break;
        case MAT_ENTRY:
            if(! ReadMatEntry(matdict, fileSize, chunkStart, chunk.len, fp))
            {
                return FALSE;
            }
            break;
        case MASTER_SCALE:
            if(! ReadFloat(fp, scale))
            {
                rcturn FΛLSE;
            }
            break;
        case NAMED_OBJECT:
```

```
                if(! ReadNamedObject(matdict, fileSize, chunkStart, chunk.len, fp))
                {
                    return FALSE;
                }
                break;
        default:
            // 忽略一些不需要的块
            fseek(fp, chunkStart+chunk.len, SEEK_SET);
        }
        chunkStart=ftell(fp);
    }

    return TRUE;
}

// 读入 3DS 文件
int C3dsReader::Read3DSFile(long fileSize, long fileStart, long fileLen, FILE* fp)
{
    long        chunkStart=ftell(fp);
    Chunk3DS        chunk;
    MaterialDict* matdict=new MaterialDict();
    unsigned longversion;

    while(chunkStart<fileStart+fileLen && Read3DSChunk(fp, chunk))
    {
        switch(chunk.id)
        {
        case M3D_VERSION:
            if(! ReadULong(fp, version))goto error;
            break;
        case MDATA:
            if(! ReadMDATA (matdict, fileSize, chunkStart, chunk.len, fp))goto error;
            break;
        case KFDATA:
            if(! ReadKFDATA(fileSize, chunkStart, chunk.len, fp))goto error;
            break;
    default:
        // 忽略一些不需要的块
        fseek(fp, chunkStart+chunk.len, SEEK_SET);
    }
```

```
        chunkStart=ftell(fp);
    }

    if(matdict ! =NULL)delete matdict;
    return TRUE;

error:
        if(matdict ! =NULL)delete matdict;
        return FALSE;
    }

    // 验证当前的文件是否是 3DS 文件
    int C3dsReader::Is3DSFile(FILE* fp)
    {
        Chunk3DS   chunk;
        long   pos=ftell(fp);

        if(! Read3DSChunk(fp, chunk))
        {
            fseek(fp, pos, SEEK_SET);
            return FALSE;
        }

        fseek(fp, pos, SEEK_SET);
        return(chunk.id==M3DMAGIC);
    }

    // 读入一个 3DS 文件
    BOOL C3dsReader::Reader( char* filename, CTriList* _list)
    {
        FILE*      fp;
        long   fileSize;
        Chunk3DS   chunk;
        DaList=_list;

        // 以"二进制"的方式打开一个 3DS 文件
        if((fp=fopen(filename, "rb"))! =NULL)
        {
            longchunkStart=ftell(fp);

            // 获得文件大小
```

```
        fseek(fp, 0, SEEK_END);
        fileSize=ftell(fp);
        fseek(fp, 0, SEEK_SET);

        // 验证文件类型
        if(! Is3DSFile(fp))
        {
                return FALSE;
        }

        // 循环所有的块
        while(chunkStart<fileSize &&
            Read3DSChunk(fp, chunk))
        {
            switch(chunk.id)
            {
        case M3DMAGIC:
            if(! Read3DSFile(fileSize, chunkStart, chunk.len, fp))
            {
                        fclose(fp);
                        return FALSE;
            }
            break;
        default:
          // 忽略一些不需要的块
          fseek(fp, chunkStart+chunk.len, SEEK_SET);
          }
          chunkStart=ftell(fp);
        }

        fclose(fp);
    }
    else
        return FALSE;


    return TRUE;
}
```

```
int C3dsReader::ReadKFDATA(long fileSize, long kfdataStart, long kfdataSize, FILE
* fp)
```

```
{
    long  chunkStart=ftell(fp);
    Chunk3DS  chunk;
    short  version;
    long  kflength;
    long  kfstart;
    long  kfend;
    char  name[256];


    while(chunkStart<kfdataStart+kfdataSize && Read3DSChunk(fp, chunk))
    {
        switch(chunk.id)
        {
        case KFHDR:
            if(! ReadShort(fp,version))return FALSE;
            if(! Read3DSString(fp, name, 256))return FALSE;
            if(! ReadLong(fp, kflength))return FALSE;
            break;
        case KFSEG:
            if(! ReadLong(fp, kfstart))return FALSE;
            if(! ReadLong(fp, kfend))return FALSE;

            break;
        case OBJECT_NODE_TAG:
            ReadKFObjectNode(fileSize, chunkStart, chunk.len, fp);
            fseek(fp, chunkStart+chunk.len, SEEK_SET);
            break;
        default:
            // 忽略一些不需要的块
            fseek(fp, chunkStart+chunk.len, SEEK_SET);
        }
        chunkStart=ftell(fp);
    }

    return TRUE;
}

int C3dsReader::ReadKFObjectNode(long fileSize, long nodeStart, long nodeSize, FILE * fp)
```

```
{
    long  chunkStart=ftell(fp);
    Chunk3DS  chunk;
    short  nodeid;
    char  nodeName[256];
    tVector  pivot;

    while(chunkStart<nodeStart+nodeSize && Read3DSChunk(fp, chunk))
    {
        switch(chunk.id)
        {
        case NODE_ID:
            if(! ReadShort(fp, nodeid))return false;
            fseek(fp, chunkStart+chunk.len, SEEK_SET);
            break;
        case NODE_HDR:
            if(! Read3DSString(fp, nodeName, 256))return FALSE;
            fseek(fp, chunkStart+chunk.len, SEEK_SET);
            break;
        case PIVOT:
            if(! ReadFloat(fp, pivot.x))return FALSE;
            if(! ReadFloat(fp, pivot.y))return FALSE;
            if(! ReadFloat(fp, pivot.z))return FALSE;
            fseek(fp, chunkStart+chunk.len, SEEK_SET);
            break;
        case POS_TRACK_TAG:
            if(! ReadKFTrackTag(fileSize, chunkStart, chunk.len, fp,nodeName,
&pivot, chunk))return FALSE;
            fseek(fp, chunkStart+chunk.len, SEEK_SET);
            break;
        case ROT_TRACK_TAG:
            if(! ReadKFTrackTag(fileSize, chunkStart, chunk.len, fp,nodeName,
&pivot, chunk))return FALSE;
            fseek(fp, chunkStart+chunk.len, SEEK_SET);
            break;
        case SCL_TRACK_TAG:
            if(! ReadKFTrackTag(fileSize, chunkStart, chunk.len, fp,nodeName,
&pivot, chunk))return FALSE;
            fseek(fp, chunkStart+chunk.len, SEEK_SET);
```

```
            break;
        default:
            //忽略一些不需要的块
            fseek(fp,chunkStart+chunk.len,SEEK_SET);
        }
        chunkStart=ftell(fp);
    }

    return TRUE;
}

int C3dsReader::ReadKFTrackTag(long fileSize, long tagStart, long tagSize, FILE* fp,
char* nodeName,tVector* pivot,Chunk3DS chunk)
{
    long numkeys;
    short rflags;
    short trflags;
    long trtmin,trtmax;
    CTriObject* current;
    Key key;

    //获得当前的物体
    current=DaList->getObjectByName(nodeName);
    if(current==NULL)return FALSE;
    //设置转动轴
    current->setPivotPoint(pivot);

    ReadShort(fp,trflags);
    ReadLong(fp,trtmin);
    ReadLong(fp,trtmax);
    ReadLong(fp,numkeys);

    for(int i=0; i<numkeys; i++)
    {
        memset(&key,0,sizeof(Key));
        ReadLong(fp,key.time);
        ReadShort(fp,rflags);
        if(rflags&W_TENS)ReadFloat(fp,key.tension);
        if(rflags&W_CONT)ReadFloat(fp,key.continuity);
        if(rflags&W_BIAS)ReadFloat(fp,key.bias);
```

```
        if(rflags&W_EASETO)ReadFloat(fp,key.easeto);
        if(rflags&W_EASEFROM)ReadFloat(fp,key.easefrom);
        switch(chunk.id)
        {
            case POS_TRACK_TAG:
                Poskey pkey;
                memset(&pkey,0,sizeof(Poskey));
                memcpy(&pkey,&key,sizeof(Poskey));
                ReadFloat(fp,pkey.pos[0]);
                ReadFloat(fp,pkey.pos[1]);
                ReadFloat(fp,pkey.pos[2]);

                break;
            case SCL_TRACK_TAG:
                Poskey skey;
                memset(&skey,0,sizeof(Poskey));
                memcpy(&skey,&key,sizeof(Poskey));
                ReadFloat(fp,skey.pos[0]);
                ReadFloat(fp,skey.pos[1]);
                ReadFloat(fp,skey.pos[2]);

                break;
            case ROT_TRACK_TAG:
                Rotkey rkey;
                memset(&rkey,0,sizeof(Rotkey));
                memcpy(&rkey,&key,sizeof(Rotkey));
                ReadFloat(fp,rkey.angle);
                ReadFloat(fp,rkey.axis[0]);
                ReadFloat(fp,rkey.axis[1]);
                ReadFloat(fp,rkey.axis[2]);

                break;
        }
    }

    return TRUE;
}
```

⑦ 选择【Insert】→【New Class…】菜单，在工程中插入一个新类 CTriObject，Class Type 为 Generic Class，该类主要用于处理 3DS 文件中的各种对象。

⑧ 在 TriObject.h 中添加如下源代码。

```
#include "glStructures.h"

class CTriObject
{
public:
    CTriObject();
    virtual ~CTriObject();

    void setId(int _id);
    void drawGL();
    void applyNormals();

    //基本操作
    void setX(float* _x,int num)        {x=_x; numvertices=num;};
    void setY(float* _y,int num)        {y=_y; numvertices=num;};
    void setZ(float* _z,int num)        {z=_z; numvertices=num;};
    void getX(float* & _x,int& num){_x=x; num=numvertices;};
    void getY(float* & _y,int& num){_y=y; num=numvertices;};
    void getZ(float* & _z,int& num){_z=z; num=numvertices;};

    void setXN(float* _nx,int num){nx=_nx; numnormals=num;};
    void setYN(float* _ny,int num){ny=_ny; numnormals=num;};
    void setZN(float* _nz,int num){nz=_nz; numnormals=num;};
    void getXN(float* & _nx,int& num){_nx=nx; num=numnormals;};
    void getYN(float* & _ny,int& num){_ny=ny; num=numnormals;};
    void getZN(float* & _nz,int& num){_nz=nz; num=numnormals;};

    void setFaces(int* _faces,int num){faces=_faces; numfaces=num; matfaces=new int
[num/3];};
    void getFaces(int* & _faces,int& num){_faces=faces; num=numfaces;};

    int addMaterial(tMaterial* _material);
    void addMaterialFace(int entry,int index){matfaces[entry]=index; nummatfacesapplied
++; if(nummatfacesapplied<numfaces/3) materialsapplied=FALSE; else materialsapplied=
TRUE; };

    void setName(char* _name){name=new char[strlen(_name)]; strcpy(name,_name);};
    void getName(char* & _name){_name=name;};

    void setPivotPoint(tVector* _pivot){pivot[0]=_pivot->x; pivot[1]=_pivot->y;
```

```
pivot[2]=_pivot->z;}
    void getPivotPoint(tVector * _pivot){_pivot->x=pivot[0]; _pivot->y=pivot[1]; _
pivot->z=pivot[2];}


private:
    void CalcNormal(int entry ,float out[3]);
    void ReduceToUnit(float vector[3]);
    BOOL isDataAlive();
    BOOL normalapplied;
    BOOL materialsapplied;

    int          id;
    int          i;
    float        value,valuepos;
    //基本的材质成员变量
    float*       x;
    float*       y;
    float*       z;
    int          numvertices;
    float*       nx;
    float*       ny;
    float*       nz;
    int          numnormals;
    int*         faces;
    int          numfaces;
    tMaterial*   materials;
    int          nummaterials;
    int*         matfaces;
    int          nummatfacesapplied;
    char*        name;
    float        pivot[3];
    float        pivotrot[4];

};
```

⑨ 在 TriObject. cpp 中添加如下源代码。

```
#include <math.h>
CTriObject::CTriObject()
{
    x=y=z=nx=ny=nz=NULL;
```

```
    matfaces=faces=NULL;
    materials=NULL;
    numvertices=0;
    numnormals=0;
    numfaces=0;
    nummatfacesapplied=0;
    i=0;
    nummaterials=0;
    pivot[0]=0.0f;
    pivot[1]=0.0f;
    pivot[2]=0.0f;
    pivotrot[0]=0.0f;
    pivotrot[1]=0.0f;
    pivotrot[2]=0.0f;
    pivotrot[3]=0.0f;
    normalapplied=FALSE;
    materialsapplied=FALSE;
}

CTriObject::~CTriObject()
{
    delete[]x;
    delete[]y;
    delete[]z;
    delete[]nx;
    delete[]ny;
    delete[]nz;
    delete[]faces;
    delete[]matfaces;
    delete[]materials;
}

void CTriObject::applyNormals()
{
    if(numfaces==0)return;
    delete[]nx;
    delete[]ny;
    delete[]nz;
    nx=new float[numfaces/3];
    ny=new float[numfaces/3];
```

```
    nz=new float[numfaces/3];
    if(nx==NULL || ny==NULL || nz==NULL)
    {
        delete[]nx;
        delete[]ny;
        delete[]nz;
        normalapplied=FALSE;
        return;
    }

    float normal[3];
    for(int i=0 ; i<numfaces/3 ; i++)//get to work
    {
        CalcNormal(3 * i,normal);
        ReduceToUnit(normal);
        nx[i]=normal[0];
        ny[i]=normal[1];
        nz[i]=normal[2];
    }

    normalapplied=TRUE;
}

void CTriObject::CalcNormal(int entry,float out[3])
{
    float v1[3],v2[3];

    //根据空间三个点计算两个矢量值
    v1[0]=x[ faces[entry]]-x[ faces[entry+1]];
    v1[1]=y[ faces[entry]]-y[ faces[entry+1]];
    v1[2]=z[ faces[entry]]-z[ faces[entry+1]];

    v2[0]=x[ faces[entry+1]]-x[ faces[entry+2]];
    v2[1]=y[ faces[entry+1]]-y[ faces[entry+2]];
    v2[2]=z[ faces[entry+1]]-z[ faces[entry+2]];

    //计算法向矢量
    out[0]=v1[1] * v2[2]-v1[2] * v2[1];
    out[1]=v1[2] * v2[0]-v1[0] * v2[2];
    out[2]=v1[0] * v2[1]-v1[1] * v2[0];
```

```
}

void CTriObject::ReduceToUnit(float vector[3])
{
    float length;

    //计算矢量的长度
    length=(float)sqrt((vector[0] * vector[0])+
                       (vector[1] * vector[1])+
                       (vector[2] * vector[2]));

    if(length==0.0f)
        length=1.0f;

    //单位化矢量
    vector[0] /=length;
    vector[1] /=length;
    vector[2] /=length;
}

void CTriObject::drawGL()
{

    if(normalapplied)
    {
        int j;
        glBegin(GL_TRIANGLES);
            for(i=0; i <numfaces/3; i++)
            {
                j=3 * i;
                if(materialsapplied)      glColor4f(      materials[matfaces[i]].diffuseC-
olor[0],materials[matfaces[i]].diffuseColor[1],           materials[matfaces[i]].diffuseC-
olor[2],1/materials[matfaces[i]].transparency);
                else glColor3f(0.0f,0.0f,1.0f);
                ::glNormal3f(nx[i],ny[i],nz[i]);
                ::glVertex3f(x[faces[j]],     y[faces[j]],     z[faces[j]]);
                ::glVertex3f(x[faces[j+1]],   y[faces[j+1]],   z[faces[j+1]]);
                ::glVertex3f(x[faces[j+2]],   y[faces[j+2]],   z[faces[j+2]]);

            }
```

```
        glEnd();
    }
    else
    {
        glBegin(GL_TRIANGLES);
            for(i=0; i <numfaces; i+=3)
            {
                if(materialsapplied)    glColor3f(    materials[matfaces[i/3]].diffuseC-
olor[0],materials[matfaces[i/3]].diffuseColor[1],materials[matfaces[i/3]].diffuseColor
[2]);
                else glColor3f(0.0f,0.0f,1.0f);
                glVertex3f(x[faces[i]],     y[faces[i]],     z[faces[i]]);
                glVertex3f(x[faces[i+1]],   y[faces[i+1]],   z[faces[i+1]]);
                glVertex3f(x[faces[i+2]],   y[faces[i+2]],   z[faces[i+2]]);
            }
        glEnd();
    }

    glPopMatrix();
}


BOOL CTriObject::isDataAlive()
{
  return(x !=NULL && y !=NULL && z !=NULL);
}




int CTriObject::addMaterial(tMaterial* _material)
{
    tMaterial* tmp;
    nummaterials++;

    if(nummaterials==1)
    {
        materials=new tMaterial[nummaterials];
        if(materials==NULL)
        {
```

```
            nummaterials=0;
            materialsapplied=FALSE;
            return-1;
        }
}
else
{
        tmp=materials;
        materials=new tMaterial[nummaterials];
        if(materials==NULL)
        {
            delete[]tmp;
            nummaterials=0;
            materialsapplied=FALSE;
            return-1;
        }
        for(i=0; i<nummaterials-1;i++)
        {
            materials[i]=tmp[i]; //将材质拷贝到新建的数组中
        }
}

//在数组中插入新材质
materials[nummaterials-1].ambientColor[0]=_material->ambientColor[0];
materials[nummaterials-1].ambientColor[1]=_material->ambientColor[1];
materials[nummaterials-1].ambientColor[2]=_material->ambientColor[2];

materials[nummaterials-1].diffuseColor[0]=_material->diffuseColor[0];
materials[nummaterials-1].diffuseColor[1]=_material->diffuseColor[1];
materials[nummaterials-1].diffuseColor[2]=_material->diffuseColor[2];

materials[nummaterials-1].specularColor[0]=_material->specularColor[0];
materials[nummaterials-1].specularColor[1]=_material->specularColor[1];
materials[nummaterials-1].specularColor[2]=_material->specularColor[2];

materials[nummaterials-1].emissiveColor[0]=_material->emissiveColor[0];
materials[nummaterials-1].emissiveColor[1]=_material->emissiveColor[1];
materials[nummaterials-1].emissiveColor[2]=_material->emissiveColor[2];

materials[nummaterials-1].shininess=_material->shininess;
```

```
    materials[nummaterials-1].transparency=_material->transparency;

    materialsapplied=TRUE;

    return(nummaterials-1);
}


void CTriObject::setId(int _id)
{
    id=_id;
}
```

⑩【Insert】→【New Class…】菜单，在工程中插入一个新类 CTriList，Class Type 为 Generic Class，该类主要用于处理 3DS 文件显示中的各种列表。

⑪ 在 TriList.h 中添加如下源代码。

```
#include "TriObject.h"

class CTriList
{
public:
    CTriList();
    virtual~CTriList();

    CTriObject* getObjectByName(char* name);
    void removeAllObjects();
    void doAfterMath();
    void Init();
    int     getNumObjects(){return numobjects;};

    void drawGL();
    BOOL add(CTriObject* _object);

private:
    int numobjects;
    int free;
    int maxobjects;
    CTriObject* objects[100];
};
```

⑫ 在 TriList.cpp 中添加如下源代码。

```
CTriList::CTriList()
```

```
{
    free=0;
    numobjects=0;
    maxobjects=100;
}

CTriList::~CTriList()
{
    for(int i=0; i <numobjects; i++)
    {
        delete objects[i];
    }
}

BOOL CTriList::add(CTriObject* _object)
{
    if(numobjects <=maxobjects)
    {
        objects[free]=_object;
        free++;
        numobjects++;
        return TRUE;
    }
    else return FALSE;
}

void CTriList::drawGL()
{
    for(int i=0; i<numobjects; i++)
    {
        objects[i]->drawGL();
    }
}



void CTriList::Init()
{
    free=0;
    numobjects=0;
```

```
    maxobjects=100;
}

void CTriList::doAfterMath()
{
    for(int i=0; i <numobjects; i++)
    {
        objects[i]->applyNormals();

    }
}

void CTriList::removeAllObjects()
{
    for(int i=0; i <numobjects; i++)
    {
        delete objects[i];
    }
    numobjects=0;
    free=0;
}

CTriObject* CTriList::getObjectByName(char* name)
{
    char* objname;
    for(int i=0; i <numobjects; i++)
    {
        objects[i]->getName(objname);
        if(strcmp(name,objname)==0)return objects[i];
    }

    return NULL;
}
```

⑬ 利用 MFC ClassWizard 为 C3DSLoaderView 类添加消息 WM_LBUTTONDOWN，WM_LBUTTONUP，WM_RBUTTONDOWN，WM_RBUTTONUP 和 WM_MOUSEMOVE 的响应函数。

⑭ 在 3DSLoaderView.h 中加入如下源代码。

在文件的头部添加如下包含文件源代码。

```
#include "glStructures.h"      //数据结构定义
#include "3dsReader.h"         //C3dsReader说明文件
```

```
#include "TriList.h"            //CTriList说明文件
```

在类 C3DSLoaderView 中添加如下成员函数和成员变量：

```
    void Init(GLvoid);
    void Draw3ds();
    void DrawAxis();
    void SetSceneRot(int axis,int value,BOOL increment,BOOL apply);
    void SetCamPos(int axis,int value,BOOL increment,BOOL apply);
    BOOL OpenFile(LPCTSTR lpszPathName);

    CTriList m_triList;
    BOOL        m_3dsLoaded;
    float    camRot[3];
    float    camPos[3];
    float    sceneRot[3];
    float    scenePos[3];
    BOOL     mouserightdown;
    BOOL     mouseleftdown;
    CPoint   mouseprevpoint;
```

⑮ 在 3DSLoaderView.cpp 中加入如下源代码

```
    int C3DSLoaderView::OnCreate(LPCREATESTRUCT lpCreateStruct)
    {
    if(CView::OnCreate(lpCreateStruct)==-1)
        return-1;

    //TODO: Add your specialized creation code here
    ///////////////////////////////////////////////////////////////
    //初始化OpenGL和设置定时器
      m_pDC=new CClientDC(this);
      SetTimer(1,20,NULL);
      InitializeOpenGL(m_pDC);
    ///////////////////////////////////////////////////////////////
      Init();
      return 0;
    }
void C3DSLoaderView::OnSize(UINT nType,int cx,int cy)
{
    CView::OnSize(nType,cx,cy);

    //TODO: Add your message handler code here
```

```
///////////////////////////////////////////////////////////////
//添加窗口缩放时的图形变换函数
    glViewport(0,0,cx,cy);
///////////////////////////////////////////////////////////////
    GLdouble aspect_ratio;
    aspect_ratio=(GLdouble)cx/(GLdouble)cy;
    ::glMatrixMode(GL_PROJECTION);
    ::glLoadIdentity();
    gluPerspective(40.0F,aspect_ratio,1.0F,10000.0F);
    ::glMatrixMode(GL_MODELVIEW);
    ::glLoadIdentity();

}
BOOL C3DSLoaderView::RenderScene()
{
    ::glClear(GL_COLOR_BUFFER_BIT | GL_DEPTH_BUFFER_BIT);
    ::glMatrixMode(GL_MODELVIEW);
    ::glLoadIdentity();

    ::glTranslatef(camPos[0],camPos[1],camPos[2]);
    ::glRotatef(camRot[0],1.0F,0.0F,0.0F);
    ::glRotatef(camRot[1],0.0F,1.0F,0.0F);
    ::glRotatef(camRot[2],0.0F,0.0F,1.0F);

    ::glPushMatrix();
    ::glTranslatef(scenePos[0],scenePos[1],scenePos[2]);
    ::glRotatef(sceneRot[0],1.0F,0.0F,0.0F);
    ::glRotatef(sceneRot[1],0.0F,1.0F,0.0F);
    ::glRotatef(sceneRot[2],0.0F,0.0F,1.0F);

    DrawAxis();
    Draw3ds();

    ::glPopMatrix();

    ::SwapBuffers(m_pDC->GetSafeHdc());            //交互缓冲区
    return TRUE;
}
///////////////////////////////////////////////////////////////
//                              DrawAxis()
```

```
//////////////////////////////////////////////////////////
void CMy3DSLoaderView::DrawAxis()
{
    glBegin(GL_LINES);
            //x 轴
            glColor3f(1.0F,0.0F,0.0F);
            glVertex3f(-3.0f,0.0f,0.0f);
            glVertex3f(3.0f,0.0f,0.0f);
            glVertex3f(2.5f,0.5f,0.0f);
            glVertex3f(3.0f,0.0f,0.0f);
            glVertex3f(2.5f,-0.5f,-0.0f);
            glVertex3f(3.0f,0.0f,0.0f);

            //y 轴
            glColor3f(0.0F,1.0F,0.0F);
            glVertex3f(0.0f,-3.0f,0.0f);
            glVertex3f(0.0f,  3.0f,0.0f);
            glVertex3f(-0.5f,  2.5f,0.0f);
            glVertex3f(0.0f,  3.0f,0.0f);
            glVertex3f(0.5f,  2.5f,0.0f);
            glVertex3f(0.0f,  3.0f,0.0f);

            //z 轴
            glColor3f(0.0F,0.0F,1.0F);
            glVertex3f(0.0f,0.0f,-3.0f);
            glVertex3f(0.0f,0.0f,  3.0f);
            glVertex3f(-0.5f,0.0f,  2.5f);
            glVertex3f(0.0f,0.0f,  3.0f);
            glVertex3f(0.5f,0.0f,  2.5f);
            glVertex3f(0.0f,0.0f,  3.0f);
    glEnd();
}

//////////////////////////////////////////////////////////
//                    Draw3ds()
//////////////////////////////////////////////////////////
void C3DSLoaderView::Draw3ds()
{
    if(m_3dsLoaded)
    {
```

```
            m_triList. drawGL();
    }
}

void C3DSLoaderView::Init(GLvoid)
{

    m_3dsLoaded   =FALSE;

    camPos[0]     =0.0f;
    camPos[1]     =0.0f;
    camPos[2]     =-100.0f;
    camRot[0]     =20.0f;
    camRot[1]     =-20.0f;
    camRot[2]     =0.0f;

    scenePos[0]   =0.0f;
    scenePos[1]   =0.0f;
    scenePos[2]   =0.0f;
    sceneRot[0]   =0.0f;
    sceneRot[1]   =0.0f;
    sceneRot[2]   =0.0f;
    mouseprevpoint. x=0;
    mouseprevpoint. y=0;
    mouserightdown=FALSE;
    mouseleftdown=FALSE;


    m_triList. Init();

    ::glShadeModel(GL_FLAT);

    ::glClearColor(0.0F,0.0F,0.0F,0.0F);

    ::glClearDepth(1.0F);

    ::glEnable(GL_DEPTH_TEST);

    ::glEnable(GL_CULL_FACE);
```

```
    GLfloat ambientLight[]={ 0.3f,0.3f,0.3f,1.0f};
    GLfloat diffuseLight[]={ 0.7f,0.7f,0.7f,1.0f};
    GLfloat lightPos[]={6000.0f,6000.0f,6000.0f,1.0f};

    glLightfv(GL_LIGHT0,GL_AMBIENT,ambientLight);
    glLightfv(GL_LIGHT0,GL_DIFFUSE,diffuseLight);
    glLightfv(GL_LIGHT0,GL_POSITION,lightPos);
    glLightModelfv(GL_LIGHT_MODEL_AMBIENT,ambientLight);

    glEnable(GL_COLOR_MATERIAL);
    glColorMaterial(GL_FRONT,GL_AMBIENT_AND_DIFFUSE);
    glEnable(GL_LIGHTING);
    glEnable(GL_LIGHT0);

}

void C3DSLoaderView::OnRButtonUp(UINT nFlags,CPoint point)
{
    //TODO: Add your message handler code here and/or call default
    ReleaseCapture();
    mouserightdown=FALSE;
    SetCamPos(2,(point.y-mouseprevpoint.y),TRUE,TRUE);

    CView::OnRButtonUp(nFlags,point);
}

void C3DSLoaderView::OnRButtonDown(UINT nFlags,CPoint point)
{
    //TODO: Add your message handler code here and/or call default
    SetCapture();
    mouserightdown=TRUE;
    mouseprevpoint.x=point.x;
    mouseprevpoint.y=point.y;

    CView::OnRButtonDown(nFlags,point);
}

void C3DSLoaderView::OnMouseMove(UINT nFlags,CPoint point)
{
    //TODO: Add your message handler code here and/or call default
```

```
    if(mouserightdown)
    {
        SetCamPos(2,-(point.y-mouseprevpoint.y),TRUE,TRUE);
    }
    else if(mouseleftdown)
    {
        SetSceneRot(0,(point.y-mouseprevpoint.y),TRUE,TRUE);
        SetSceneRot(2,(point.x-mouseprevpoint.x),TRUE,TRUE);
    }
    CView::OnMouseMove(nFlags,point);

    mouseprevpoint.x=point.x;
    mouseprevpoint.y=point.y;
    CView::OnMouseMove(nFlags,point);
}

void C3DSLoaderView::OnLButtonUp(UINT nFlags,CPoint point)
{
    //TODO: Add your message handler code here and/or call default
    ReleaseCapture();
    mouseleftdown=FALSE;
    SetSceneRot(0,(point.y-mouseprevpoint.y),TRUE,TRUE);
    SetSceneRot(2,(point.x-mouseprevpoint.x),TRUE,TRUE);

    CView::OnLButtonUp(nFlags,point);
}

void C3DSLoaderView::OnLButtonDown(UINT nFlags,CPoint point)
{
    //TODO: Add your message handler code here and/or call default
    SetCapture();
    mouseleftdown=TRUE;
    mouseprevpoint.x=point.x;
    mouseprevpoint.y=point.y;
    CView::OnLButtonDown(nFlags,point);
}

void C3DSLoaderView::SetCamPos(int axis,int value,BOOL increment,BOOL apply)
{
    if(increment)
```

```
    {
        camPos[axis]+=(float)value* camPos[axis]/100;
    }
    else
    {
        camPos[axis]=(float)value/2;
    }

    ::glMatrixMode(GL_MODELVIEW);
    ::glLoadIdentity();

    RenderScene();

}

void C3DSLoaderView::SetSceneRot(int axis,int value,BOOL increment,BOOL apply)
{
    if(increment)
        sceneRot[axis]+=(sceneRot[axis] >=360)? (-360+value/2): value/2;
    else
        sceneRot[axis]=(sceneRot[axis] >=360)? (-360+value/2): value/2;

    RenderScene();
}

BOOL C3DSLoaderView::OpenFile(LPCTSTR lpszPathName)
{
    char* file=new char[strlen(lpszPathName)];
    strcpy(file,lpszPathName);

    C3dsReader Loader;
    BOOL result;
    if(m_triList. getNumObjects()> 0)m_triList. removeAllObjects();

    result=Loader. Reader(file,&m_triList);
    if(result)
    {
        m_3dsLoaded=TRUE;
```

```
        m_triList.doAfterMath();

    }

    return result;
    }
```

⑯ 利用ClassWizard为C3DSLoaderDoc类添加OnOpenDocument函数，函数源代码如下。

```
BOOL CMy3DSLoaderDoc::OnOpenDocument(LPCTSTR lpszPathName)
{
    if(!CDocument::OnOpenDocument(lpszPathName))
        return FALSE;

    //TODO: Add your specialized creation code here
    if(((CMy3DSLoaderApp*)AfxGetApp())->OpenFile(lpszPathName))return TRUE;

    return TRUE;
}
```

⑰ 在C3DSLoaderApp类中添加OpenFile函数。

函数的说明为：BOOL OpenFile(LPCTSTR lpszPathName);

函数的定义为：

```
BOOL C3DSLoaderApp::OpenFile(LPCTSTR lpszPathName)
{
    return
((C3DSLoaderView*)((CFrameWnd*)m_pMainWnd)->GetActiveView())->OpenFile
(lpszPathName);
}
```

⑱ 打开Resource编辑器，如图11-2所示修改IDR_MAINFRAME串的内容。

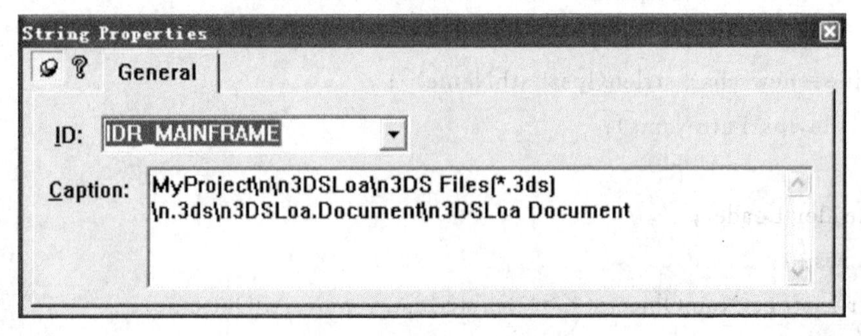

图11-2 Resource编辑器

⑲ 有关建立单文档的OpenGL图形程序的基本框架部分可参考前几章的内容，这里不再重复了。

⑳ 编译运行，其运行结果如图11-3所示。选择菜单【文件】→【打开】，选择一个3DS文件，在视图中将会显示出该3DS的三维模型。

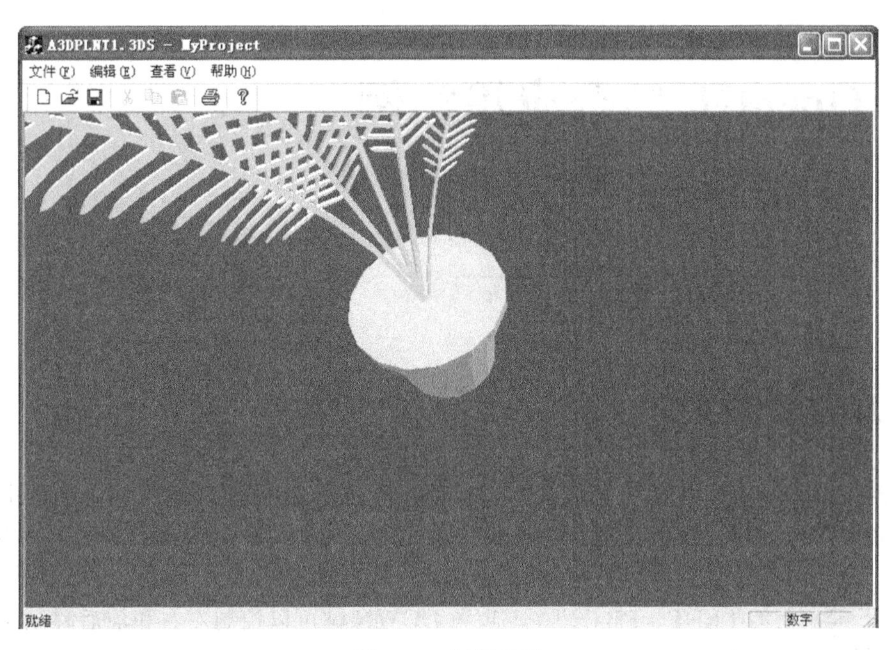

图 11-3 运行结果

11.3 转换 3DS 模型为 OpenGL 源文件

11.3.1 3DS 模型转换

将 3DS 文件转换成 OpenGL 文件需要使用一个工具 View3DS.exe，在命令行中输入模型文件的名称，或者直接将 3DS 文件拖到 View3DS 上，将弹出一个窗口，在窗口中显示出需要转化的 3DS 模型。

在窗口中单击鼠标左键，将弹出一个菜单。选择［E］Export OpenGL C Code 菜单项，将在当前目录中生成三维模型的 OpenGL 文件，包括与模型同名的 .h 和 .gl 两个文件。其中，在 hubble.h 文件中生成了一个函数 GL3DS_initialize_hubble()。

11.3.2 转换模型的读取与显示

在 VC 工程中将模型数据读入的方法很简单，可分为以下几个步骤。

① 将 3DS 模型的 hubble.h 和 hubble.gl 文件拷贝到当前过程的目录中。

② 在初始化部分加入如下代码。

```
model=GL3DS_initialize_hubble ();
```

③ 在模型绘制文件的初始化部分加上如下代码。

```
#include "hubble.h"
```

④ 绘制模型采用如下代码。

```
glCallList (model);
```

习题 11

11-1 利用 3D Stdio MAX 软件进行三维建模，生成 3DS 文件。用记事本打开该文件，熟悉 3DS 文件格式。

11-2 编程题：将习题 11-1 中的 3DS 文件输入 OpenGL，并显示该三维模型。

12 OpenGL 综合应用实例

——三维场景的建立和漫游

12.1 应用实例简介

本章介绍的是一个三维场景漫游的应用实例，其主界面如图 12-1 所示，屏幕上场景中显示的静态对象包括树、航天飞机、发射架、地面等，动态对象包括天上的飞机、雷达以及一枚导弹，用户与三维场景可以进行如下的交互。

① 按下键盘上的 LEFT，RIGHT，UP 和 DOWN 键可以控制左右和前后移动视点，从而可以走到场景的任何一个地方，实现场景的漫游。

② 按下键盘上的 PageUp 和 PageDown 键可以控制视点的俯仰角，按下 A 和 Z 键可以抬高或降低视点，从不同的角度来观察场景的各种物体。

图 12-1　三维场景漫游界面

12.2 编程思想

由于图形程序的运行对系统资源的占用比较大，因此该程序的基本框架采用的是一个基于单文档的 MFC 和 OpenGL 联合编程的模式，通过按键来控制用户在场景中的漫游。

① 航天飞机、树、塔架、地形等静态场景的绘制可以采用简单的建模和导入 3DS 模型的方法，以及纹理贴图的方法来实现。

② 对于雷达、导弹、飞机等动态场景，则通过改变各模型的位置和姿态来实现模型的运动。

③ 对于视点的控制，定义了一个摄像机，包括他的位置、观察点、高度、俯仰角及漫游速度，根据用户的键盘输入，改变摄像机的相应参数，就可以实现视点的变化，从而实现在场景中的漫游。

12.3 关键技术

12.3.1 读入 BMP 纹理数据及透明纹理的实现

本应用实例中使用的纹理数据格式都是 BMP 图像文件，因而需要编写 BMP 文件的读入函数。对于天空、地面等纹理图片，只需调用 Windows 提供的 auxDIBImageLoad 函数就可以了；而对于树的这些纹理图片来说，需要运用透明纹理来实现树的建模，则需要通过改变纹理图片上像素的 Blend 通道的值来实现。

对于不需要进行任何处理的纹理图片，采用以下函数来实现。

```
bool baiscobj::LoadT8(char* filename,GLuint &texture)
{
    AUX_RGBImageRec* pImage=NULL;
    pImage=auxDIBImageLoad(filename);                    //导入纹理图片
    if(pImage==NULL)      return false;
    glGenTextures(1,&texture);
    glBindTexture(GL_TEXTURE_2D,texture);             //绑定纹理
    gluBuild2DMipmaps(GL_TEXTURE_2D,4,pImage->sizeX,//定义纹理
            pImage->sizeY,GL_RGB,GL_UNSIGNED_BYTE,pImage->data);
    free(pImage->data);
    free(pImage);
    return true;
}
```

对于需要改变某些像素的 Blend 值的纹理图片来说，通过获取 BMP 文件的头指针来根据特定的要求将某些像素点的 Blend 值设为 0，从而实现透明纹理的导入。

```
void baiscobj::LoadT16(char* filename,GLuint &texture)
{
  glGenTextures(1,&texture);
  glBindTexture(GL_TEXTURE_2D,texture);
  BITMAPINFOHEADER bitHeader;                          //BMP 文件头
  unsigned char* buffer;
  buffer=LoadBitmapFileWithAlpha(filename,&bitHeader);     //对图片中某些像素
的 blend 值改变后导入图片
```

```
gluBuild2DMipmaps(GL_TEXTURE_2D,
                  4,
                  bitHeader. biWidth,
                  bitHeader. biHeight,
                  GL_RGBA,
                  GL_UNSIGNED_BYTE,
                  buffer
                 );                                    //定义纹理
//控制滤波
glTexParameteri(GL_TEXTURE_2D,GL_TEXTURE_WRAP_S,GL_REPEAT);
glTexParameteri(GL_TEXTURE_2D,GL_TEXTURE_WRAP_T,GL_REPEAT);
glTexParameteri(GL_TEXTURE_2D,GL_TEXTURE_MIN_FILTER,GL_LINEAR);
glTexParameteri(GL_TEXTURE_2D,GL_TEXTURE_MAG_FILTER,GL_LINEAR);
glTexParameteri(GL_TEXTURE_2D,GL_TEXTURE_MIN_FILTER,GL_LINEAR_
MIPMAP_NEAREST);
free(buffer);
}

unsigned char* LoadBitmapFileWithAlpha(char * filename, BITMAPINFO-
HEADER* bitmapInfoHeader)      //将图片中像素为黑色的像素点变为透明,并返回改
                               //变后的图片
{
  unsigned char* bitmapImage=LoadBitmapFile(filename,bitmapInfoHeader);
  char* bitmapWithAlpha = (unsignedchar*) malloc (bitmapInfoHeader -> biSizeImage*
4/3);
  if(bitmapImage==NULL || bitmapWithAlpha==NULL)
  return NULL;
//loop through the bitmap data
for(unsigned int src=0,dst=0; src<bitmapInfoHeader->biSizeImage; src+=3,dst+=4)
{
  //if the pixel is black,set the alpha to 0. Otherwise,set it to 255.
  if (bitmapImage[src]==0 && bitmapImage[src+1]==0 && bitmapImage[src+
    2]==0)
    bitmapWithAlpha[dst+3]=0;
  else
     bitmapWithAlpha[dst+3]=0xFF;

  //copy pixel data over
  bitmapWithAlpha[dst]=bitmapImage[src];
  bitmapWithAlpha[dst+1]=bitmapImage[src+1];
```

```
        bitmapWithAlpha[dst+2]=bitmapImage[src+2];
    }

    free(bitmapImage);

    return bitmapWithAlpha;
} //end LoadBitmapFileWithAlpha()
```

其效果如图 12-2 所示。

(a) 原始 BMP 图片

(b) 图片导入后场景中的显示效果

图 12-2　透明纹理的实现

12.3.2　3DS 模型的导入

在本应用实例中，飞机、航天飞机、塔架等都是通过导入 3DS 模型来实现的，3DS 文件是通过 3dMAX 软件建模后导出的文件格式，关于这种文件的格式和读取在前面的章节中已经进行了描述和实现，因而在此只对 3DS 调用类中的一些主要函数进行一些解释。

在此程序中主要设计了一个 3DS 的调用类 CLoad3DS，其主要有以下两个。

```
    void CLoad3DS ::Init(char* filename,int j);              //实现 3DS 模型的导入
    {
        Import3DS(&g_3DModel[j],filename);       //将 3DS 文件装入到模型结构体中
        for(int i=0; i<g_3DModel[j]. numOfMaterials;i++)
        {
            if(strlen(g_3DModel[j]. pMaterials[i]. strFile)>0)//判断是否是一个文件名
            CreateTexture(g_Texture[j],g_3DModel[j]. pMaterials[i]. strFile,i);
//使用纹理文件名称来装入位图
        g_3DModel[j]. pMaterials[i]. texureId=i;//设置材质的纹理 ID
        }
    }
```

```
void CLoad3DS::show3ds(int j0,float tx,float ty,float tz,float size);    //显示 3DS 模型
{
    glPushAttrib(GL_CURRENT_BIT);//保存现有颜色属实性
    glPushMatrix();
    glDisable(GL_TEXTURE_2D);
    ::glTranslatef(tx,ty,tz);
    ::glScaled(size,size,size);
    glRotatef(90,0,1.0f,0);
    //遍历模型中所有的对象
    for(int i=0; i<g_3DModel[j0].numOfObjects; i++)
    {if(g_3DModel[j0].pObject.size()<=0)break;//如果对象的大小小于0,则退出
     t3DObject* pObject=&g_3DModel[j0].pObject[i];//获得当前显示的对象
     glColor3ub(255,255,255);
     for(int j=0; j<pObject->numOfFaces; j++)     //遍历所有的面
     {
        //tFace &face=pObject->pFaces[j];
        if(pObject->pTexVerts){
            glEnable(GL_TEXTURE_2D);
        glBindTexture(GL_TEXTURE_2D,g_Texture[j0][pObject->pFaces[j].matIndex]);
        }
        glBegin(g_ViewMode);                     //开始以 g_ViewMode 模式绘制
        for(int tex=0; tex<3; tex++)                 //遍历三角形的所有点
        {
            int index=pObject->pFaces[j].vertIndex[tex];  //获得面对每个点的索引
          if(pObject->bHasTexture)                      //如果对象具有纹理
          {
              Tileu=0;Tilev=0;Offsetu=0;Offsetv=0;
             if(pObject->pTexVerts)          //确定是否有 UVW 纹理坐标
          Tileu=g_3DModel[j0].pMaterials[pObject->pFaces[j].matIndex].uTile;
          Tilev=g_3DModel[j0].pMaterials[pObject->pFaces[j].matIndex].vTile;
          Offsetu=g_3DModel[j0].pMaterials[pObject->pFaces[j].matIndex].uOffset;
          Offsetv=g_3DModel[j0].pMaterials[pObject->pFaces[j].matIndex].vOffset;
          if(Tileu!=0||Tilev!=0||Offsetu!=0||Offsetv!=0)
glTexCoord2f((pObject->pTexVerts[index].x+Offsetu)*Tileu,(pObject->pTexVerts
[index].y+Offsetv)*Tilev);
        else glTexCoord2f(pObject->pTexVerts[index].x,pObject->pTexVerts[index].y);
            }
            else
            {  if(g_3DModel[j0].pMaterials.size()&& pObject->bHasTexture>=0)
               {
```

```
        BYTE* pColor=g_3DModel[j0].pMaterials[pObject->pFaces[j].matIndex].color;
                glColor3ub(pColor[0],pColor[1],pColor[2]);
                }
            }
        glVertex3f(pObject->pVerts[index].x,pObject->pVerts[index].y,pObject->
>pVerts[index].z);

        }
        glEnd();//绘制结束
       glDisable(GL_TEXTURE_2D);

      }

      }
      glDisable(GL_TEXTURE_2D);
      glPopMatrix();
      glPopAttrib();//恢复前一属性
}
```

在编程中，只需调用这两个函数即可实现一个 3DS 模型的导入和显示，例如：

```
m_3ds=new CLoad3DS();
m_3ds->Init("data/3ds/航天发射台.3ds",1);//导入航天发射台的 3DS 模型,并令其
                                        //编号为 1
m_3ds->show3ds(1,x,y,z,size);//在(x,y,z)位置上以 size 倍的比例显示编号为 1 的
                              //模型,即航天发射台
```

12.3.3 地形的生成

本程序中地形高程数据的获取主要通过读取等高地形图的 BMP 文件而自动获得的。因此，应该首先读出 BMP 文件中需要的数据，然后根据一定的映射关系将数据映射到地形的高程上。

主要的实现代码如下。

```
g_imageData=LoadBit("data/images/Terrain1.bmp",&g_bit);     //调等高地形图
void baiscobj::InitTerrain(float h)        //初始化地形的高程数据等
{int index=0;
  int Vertex;
  for(int z=0; z<MAP_W; z++)
   for(int x=0; x<MAP_W; x++)
    {Vertex=z*MAP_W+x;
      g_terrain [Vertex][0]=float(x)*MAP_SCALE;
      g_terrain [Vertex][1]=(float)(g_imageData[(z*MAP_W+x)*3]/3);   //根据
映射关系获取高程数据
      g_terrain [Vertex][2]=-float(z)*MAP_SCALE;
```

```
        g_texcoord[Vertex][0]=(float)x;
      g_texcoord[Vertex][1]=(float)z;
      g_index [index++]=Vertex;
      g_index [index++]=Vertex+ MAP_W;
    }
    glEnableClientState(GL_VERTEX_ARRAY);
    glVertexPointer     (3,GL_FLOAT,0,g_terrain);
    glEnableClientState(GL_TEXTURE_COORD_ARRAY);
    glTexCoordPointer (2,GL_FLOAT,0,g_texcoord);
  }

  void baiscobj::DrawSand()                     //绘制地形
  {
    glBindTexture(GL_TEXTURE_2D,g_cactus[0]);
    glTexEnvf    (GL_TEXTURE_ENV,GL_TEXTURE_ENV_MODE,GL_REPLACE);
    glTexParameteri(GL_TEXTURE_2D,GL_TEXTURE_MAG_FILTER,GL_LINEAR);
    glTexParameteri(GL_TEXTURE_2D,                GL_TEXTURE_MIN_FIL-
TER,GL_LINEAR_MIPMAP_NEAREST);
    for(int z=0; z<MAP_W-1; z++)

glDrawElements(GL_TRIANGLE_STRIP,MAP_W* 2,GL_UNSIGNED_INT,&g_index
[z* MAP_W* 2]);
    }
```

12.3.4 摄像机参数的定义

本应用程序主要通过摄像机的移动来实现场景的浏览，摄像机的参数定义如下。

```
//摄像机参数定义
float    speed;          //漫游速度
float    g_eye[3];       //观察者位置(即摄像机的位置)
float    g_look[3];      //观察点
float    rad_xz;         //绕视点左右转动度数(弧度)
float    g_Angle;        //绕视点左右转动度数
float    g_elev;         //俯仰角
float    g_gao;          //视点高度
```

通过改变摄像机的以上参数即可实现在场景中的漫游。

12.3.5 场景的初始化

在场景的初始化中，主要进行了以下几部分内容的操作：摄像机各参数的初始化，3DS模型的导入、纹理图片数据的读入及参数设置等，下面分别介绍。

① 摄像机参数的初始化代码如下。

```
//初始化摄像机的各种参数
gao=10;
```

```
g_gao=3;
speed=2.0f;
g_eye[0]=MAP;//
g_eye[2]=-MAP;//
g_Angle=0;//
g_elev=-0;//
g_eye[1]=m_baiscobj->GetHeight((float)g_eye[0],(float)g_eye[2])+gao;
rad_xz=float(3.1314926*g_Angle/180.0f);
 g_look[0]=(float)(g_eye[0]+100*cos(rad_xz));
 g_look[2]=(float)(g_eye[2]+100*sin(rad_xz));
 g_look[1]=g_eye[1]+g_elev;
```

② 3DS 模型的导入源代码如下。

```
m_3ds=new CLoad3DS();
load3dobj("data/3ds/","航天发射台.3ds",0);
load3dobj("data/3ds/","直升机0.3ds",1);
load3dobj("data/3ds/","飞机1.3ds",2);
void baiscobj::load3dobj(char* dir,char* cn,int a)
{     char appdir[256];
      GetCurrentDirectory(256,appdir);
      SetCurrentDirectory(dir);
      m_3ds->Init(cn,a);
      SetCurrentDirectory(appdir);
}
```

③ 纹理数据的读入代码如下。

```
g_imageData=LoadBit("data/images/Terrain1.bmp",&g_bit);//调等高地形图
LoadT8("data/images/sand0.bmp",g_cactus[0]);//地面贴图
LoadT8("data/images/4RBack.bmp",g_cactus[2]);     //天空贴图后
LoadT8("data/images/4Front.bmp",g_cactus[3]);//天空贴图前
LoadT8("data/images/4Top.bmp", g_cactus[4]);//天空贴图顶
LoadT8("data/images/4Left.bmp",g_cactus[5]);//天空贴图左
LoadT8("data/images/4Right.bmp",g_cactus[6]);//天空贴图右
LoadT16("data/images/CACTUS0.BMP",g_cactus[11]);     //树1贴图
LoadT16("data/images/CACTUS1.BMP",g_cactus[12]);     //树2贴图
LoadT16("data/images/CACTUS2.BMP",g_cactus[13]);     //树3贴图
LoadT16("data/images/CACTUS3.BMP",g_cactus[14]);     //树4贴图
```

12.3.6 键盘交互方式

在程序中用户使用键盘的交互方式有：使用 UP 键和 DOWN 键可以将摄像机移前或移后，使用 LEFT 键和 RIGHT 键可以将摄像机绕 y 轴旋转，使用 PAGE UP 键和 PAGE DOWN 键可以控制摄像机的俯仰角，D 键和 F 键控制摄像机的左右移动等。

在程序中可以利用 Class Wizard 添加键盘的 WM _ KEYDOWN 的消息响应函数，源代

码如下。

```
void CRocketView::OnKeyDown(UINT nChar,UINT nRepCnt,UINT nFlags)
{
    //TODO: Add your message handler code here and/or call default
    rad_xz=float(3.1415926*g_Angle/180.0f);
    switch(nChar){
        case VK_UP://向前走
            {
                g_eye[2]+=(float)sin(rad_xz)*speed;
                g_eye[0]+=(float)cos(rad_xz)*speed;


                break;
            }
        case VK_DOWN ://向后走
            {
                g_eye[2]-=(float)sin(rad_xz)*speed;
                g_eye[0]-=(float)cos(rad_xz)*speed;


                break;
            }
        case VK_LEFT: {//向左转
            g_Angle-=5;

            break;
                }
        case VK_RIGHT:{//向右转
            g_Angle+=5;


            break;
                    }
        case VK_SHIFT:{//提高漫游速度
            speed =speed*2;
            break;
                    }
    }

    if(nChar==68){g_eye[2]-=(float)cos(-rad_xz)*speed;
```

```
                g_eye[0]-=(float)sin(-rad_xz)*speed;    }  //d,左移
    if(nChar==70){g_eye[2]+=(float)cos(-rad_xz)*speed;
                  g_eye[0]+=(float)sin(-rad_xz)*speed;  }  //f,右移
    if(nChar==67)speed  =speed/2;      //c,降低漫游速度
    if(nChar==65){gao+=g_gao;}        //a,提高视点
    if(nChar==90){gao-=g_gao; }       //z,降低视点

    if(nChar==33)g_elev+=speed;//page up
    if(nChar==34)g_elev-=speed;//page down
    if(g_elev<-360)            g_elev  =-360;
    if(g_elev> 360)            g_elev  =360;

    if(g_eye[0]<  MAP_SCALE)                  g_eye[0]=  MAP_SCALE;
    if(g_eye[0]>(MAP_W-2)*MAP_SCALE)      g_eye[0]=(MAP_W-2)*MAP_SCALE;
    if(g_eye[2]<-(MAP_W-2)*MAP_SCALE)     g_eye[2]=-(MAP_W-2)*MAP_SCALE;
    if(g_eye[2]>-MAP_SCALE)               g_eye[2]=-MAP_SCALE;
     g_eye[1]=m_baiscobj->GetHeight((float)g_eye[0],(float)g_eye[2])+gao;

     g_look[0]=(float)(g_eye[0]+100*cos(rad_xz));
    g_look[2]=(float)(g_eye[2]+100*sin(rad_xz));
    g_look[1]=g_eye[1]-gao+g_elev;

    int r0=abs((int)g_Angle);
    test.Format("[方位=%03d X=%3.0f y=%3.0f 高=%2.1f 俯仰角=%2.0f,re=%03.0f]",
          r0%360,g_eye[0],-g_eye[2],g_eye[1],g_elev,r);

    Invalidate(FALSE);

    CView::OnKeyDown(nChar,nRepCnt,nFlags);
}
```

12.3.7 场景的绘制和漫游实现

整个场景的绘制是整个程序的核心，主要包括静态场景和动态场景两部分内容的绘制，其源代码如下。

```
BOOL CRocketView::RenderScene()
{
    glClearColor(0.0f,0.0f,0.3f,1.0f);         //设置刷新背景色
    ::glClear(GL_COLOR_BUFFER_BIT | GL_DEPTH_BUFFER_BIT);
    ::glMatrixMode(GL_MODELVIEW);
    ::glLoadIdentity();
```

```
    glEnable(GL_TEXTURE_2D);

    g_eye[1]=m_baiscobj->GetHeight((float)g_eye[0],(float)g_eye[2])+gao;
    rad_xz=float(3.1314926*g_Angle/180.0f);
     g_look[0]=(float)(g_eye[0]+100*cos(rad_xz));
     g_look[2]=(float)(g_eye[2]+100*sin(rad_xz));
     g_look[1]=g_eye[1]+g_elev;

    //设置视点
    gluLookAt(g_eye[0],g_eye[1],g_eye[2],        g_look[0],g_look[1],g_look[2],
    0.0,1.0,0.0        );

    m_baiscobj->CreateSkyBox(3,6,3,6);              //绘制天空
    m_baiscobj->DrawSand();                         //绘制地形
    srand(100);
    for(int i=0;i<300;i++)
    {float x=RAND_COORD((MAP_W-1)*MAP_SCALE);
     float z=RAND_COORD((MAP_W-1)*MAP_SCALE);
     float size=4.0f+rand()%4;
     float h=-size/10;
     int  cactus=rand()%4+11;
     m_baiscobj->ShowTree(x,z,size,h,cactus);          //绘制场景中的树
    }
    m_baiscobj->picter(MAP+10,0,-MAP);                 //绘制雷达及导弹
    m_baiscobj->Scene(0,MAP+30,13.6f,-MAP-20,0,  0,0.35f);    //显示航天发射台
    m_baiscobj->Scene(1,MAP+30,19.0f,-MAP,  100,  r,0.2f); //显示直升机
    m_baiscobj->Scene(2,MAP+30,20.0f,-MAP,  165,r+90,0.5f);  //显示飞机

    glColor3f(1.0f,1.0f,1.0f);
    glFlush();
    ::SwapBuffers(m_pDC->GetSafeHdc());          //交互缓冲区
    return TRUE;
}
```

习题 12

12-1 编程题：建立一个三维场景，并通过上、下、左、右键实现场景漫游。

参 考 文 献

[1] 申蔚，夏立文. 虚拟现实技术. 北京：北京希望电子出版社，2002.
[2] 张茂军. 虚拟现实系统. 北京：科学出版社，2001.
[3] 秦岩，王力. 立体显示在计算机中的实现. 西安：西安电子科技大学学报，1997.
[4] 白建军，朱亚平，梁辉，姚东等. OpenGL 三维图形设计与制作. 北京：人民邮电出版社，1999.
[5] 和平鸽工作室. OpenGL 高级编程与可视化系统开发. 北京：中国水利水电出版社，2003.
[6] Mason Woo，Jackie Neider 等. OpenGL 编程权威指南. 第三版. 北京：中国电力出版社，2001.
[7] Mark Deloura. 游戏编程精粹 1. 王淑礼，张磊译. 北京：人民邮电出版社，2004.